D1941867

Der Mensch im Unternehmen
Band 22

Friedemann Stracke

Menschen verstehen – Potenziale erkennen

Die Systematik professioneller Bewerberauswahl und Mitarbeiterbeurteilung

Rosenberger Fachverlag Leonberg

Bibliografische Information der Deutschen Bibliothek

Die Deutsche Bibliothek verzeichnet diese Publikation in der Deutschen Nationalbibliografie; detaillierte bibliografische Daten sind im Internet unter http://dnb.ddb.de abrufbar.

BIBLIOTHEK
der Industrie- und Handelskammer
für München und Oberbayern
Nz. 1441 | 408

© 2005 by Rosenberger Fachverlag, Leonberg
Das Werk einschließlich aller seiner Teile ist urheberrechtlich geschützt. Jede Verwendung außerhalb der engen Grenzen des Urheberrechtsgesetzes ist ohne Zustimmung des Verlages unzulässig und strafbar. Das gilt insbesondere für Vervielfältigungen, Übersetzungen, Mikroverfilmungen und die Einspeicherung und Verarbeitung in elektronischen Systemen.

www.rosenberger-fachverlag.de

Umschlaggestaltung: Eva Martinez, Stuttgart
Lektorat: Manuela Olsson, M.A., Göppingen
Satz: UM-Satz- & Werbestudio Ulrike Messer, Weissach
Druck: AALEXX Druck, Großburgwedel
Printed in Germany
ISBN 3-931085-52-X

Meinen Eltern

Danksagung

Mein Dank gilt den Menschen, die mir ihre Zeit, ihre Gedanken und ihr Gefühl geschenkt haben auf dem Weg zu diesem Buch:

Dr. Andreas Heinecke und Ruedi Affentranger für die unbefangene, ausdauernde und freundschaftliche Begleitung, die vielen Anregungen und Hinweise, das Schärfen der Gedanken.

Prof. Werner Sarges, von dem ich seit so vielen Jahren Wissen, Anregung und Unterstützung erfahre.

Claudia Glandt, die mit Präzision, Scharfblick und großer Ausdauer korrigiert und die Abbildungen umgesetzt hat.

Dr. Volker Kayser für inspirierende Gespräche.

Christian Warneke für seine Kreativität, Katja Worms für ihre schnellen Hilfen.

Meinem Team im Recruitment für die motivierende Anteilnahme. Nicht zuletzt ist das Buch aus dem täglich gemeinsam Erlebten entstanden.

Dem Unternehmen Otto GmbH & Co KG, meiner beruflichen Heimat, das mir die Möglichkeit gegeben hat, mein Potenzial zu entfalten und die Freiheit, auszuprobieren und zu entwickeln, insbesondere Hans-Otto Schrader, der in Person für Ermutigung zu Denkbarem steht.

Meiner Lektorin Manuela Olsson, die mit sicherer Hand, motivierend und klar, zum Ziel geführt hat. Ihr und Herrn Dr. Rosenberger gilt mein besonderer Dank für ihr Vertrauen in meine Arbeit.

Schließlich gilt mein Dank meiner Partnerin Silke, Psychologin, kundige Zuhörerin und Ratgeberin und meinen beiden Töchtern Marieke und Alena, die alle in Geduld und Verzicht auf gemeinsame Stunden und Tage mir den Freiraum zum Schreiben ermöglicht haben.

FRIEDEMANN STRACKE

Hamburg, Midlum auf Föhr, Bad Wiessee,
Sanibel Island (Florida)
Im Frühjahr 2005

An die Leser

Der vorliegende Band zum Thema *Bewerberauswahl und Mitarbeiterbeurteilung* hebt sich positiv aus der Menge einschlägiger Titel hervor. Die meisten dieser Publikationen nämlich preisen entweder schnelle Patentrezepte an oder sie sind für viele Praktiker im Personalmanagement zu sehr wissenschaftlich geprägt. Eine balancierende Mittelposition war in diesem Buchmarktsegment bislang kaum zu finden. Insofern füllt dieser Band eine deutliche Lücke.

Der Autor Friedemann Stracke versteht es, auch hoch komplexe Zusammenhänge klar, verständlich und begreifbar zu formulieren. Die Lektüre bereitet Freude, weil es dem Autor gelingt, bedeutsame wissenschaftliche Befunde und seine langjährigen praktischen Erfahrungen in reflektierte Handlungsempfehlungen zu übersetzen.

Stracke liefert einen breiten, gleichwohl kritischen Überblick über die relevanten psychologischen Ansätze, Methoden und Verfahren, schärft den Blick für das Wesentliche, zeigt gut nachvollziehbare Zusammenhänge auf und ermuntert mit plastischen Beispielen zum produktiven Nachdenken und zur praktischen Umsetzung.

Besonders erwähnenswert sind seine Ausführungen zu einem professionell geführten Potenzial-/Bewerbergespräch, die konzeptionell weit über ein Heranziehen von Checklisten und Fragenkatalogen hinausgehen. Zudem gehen die angebotenen Inhalte weiter, als es das Thema Potenzialerkennung vermuten lässt: Sie geben zugleich viele Anregungen für wirksamere Führungsarbeit.

Dieser Band sei all denen wärmstens empfohlen, die mehr reflektierte Sicherheit in der Einschätzung anderer Menschen erreichen möchten.

Prof. Dr. Werner Sarges

Helmut-Schmidt-Universität
(Universität der Bundeswehr Hamburg)
Hamburg, im April 2005

Inhalt

Abbildungen

Jahrhunderte wurden Menschen nicht aufgrund von Befähigung, sondern aufgrund von Herkunft und Beziehungen befördert, so dass die westlichen Staatsgemeinschaften wimmelten von Königen, die nicht zu regieren verstanden, Lords, die ihre Ländereien herunterwirtschafteten, Heerführern ohne strategischen Sinn, Bauern, die klüger waren als ihre Herren, und Dienstmädchen, die mehr wussten als ihre Damen.

Alain de Botton

Vorwort

Wir hatten großartige Pläne, aber wir konnten sie erst umsetzen, als wir den richtigen Mann hatten.

Jack Welch

Dieses Buch ist als Unterstützung für Führungskräfte und Personalexperten gedacht, die erkannt haben, dass erfolgreiche Führung immer von der Wahl der Menschen abhängig ist, mit denen man sich umgibt. Allen anderen könnte dieses Buch Inspiration sein, sich mehr mit den Menschen zu beschäftigen, mit denen Sie zusammenleben oder -arbeiten. Gibt es darüberhinaus Hinweise für eine wirksame Führungsarbeit, regt es zum Nachdenken über aktuelle Fragestellungen und Probleme der heutigen Unternehmensrealität an und regt es vielleicht auch manchmal auf, ist dies durchaus erwünscht.

Wenn in Unternehmen Personalentscheidungen so gründlich vorbereitet würden wie die Anschaffung von Maschinen oder Technik und später ebenso gründlich geprüft würde, ob und wie das „System" funktioniert und optimiert werden kann, würde klar, welch unausgeschöpftes Potenzial in einem Unternehmen schlummert.

Solange Unternehmer und Geschäftsführer ihre Maschinen und Produkte besser verstehen als ihre Führungskräfte und solange diese Führungskräfte ihre Mitarbeiter nicht wirklich kennen und verstehen, ist die größte Leistungsreserve eines Unternehmens nicht ausgeschöpft.

Das Buch ist auch ein Plädoyer, wieder mehr Persönlichkeiten mit Rückgrat, Mut, Initiative und Einfühlung in Unternehmen zu fördern, Persönlichkeiten, die mit authentischem Verhalten Leistung und Menschlichkeit in Einklang bringen. Dafür ist eine eine systematische und wirksame Potenzialerkennung Voraussetzung. Letztlich sind vier Dimensionen zu betrachten und auszugestalten:

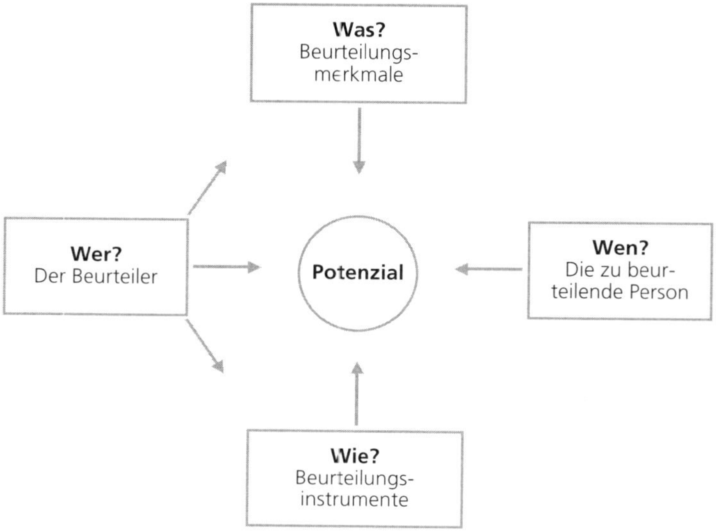

Abb. 1: Die vier Dimensionen der Potenzialerkennung

Zunächst ist die Frage zu klären, wer geeignet ist, ein guter Beurteiler zu sein. Das Einschätzen einer anderen Person ist eine anspruchsvolle Angelegenheit, die bestimmte Fähigkeiten und Persönlichkeitsmerkmale voraussetzt. Diese Kenntnis hilft dem Unternehmen, diejenigen auszuwählen, die diese Aufgabe wirksam durchführen können, und verschafft das Wissen, geeignete Kandidaten zu qualifizieren.

Der Beurteiler korrespondiert in jedem Fall mit der zu beurteilenden Person. Sie hat einen maßgeblichen, oft ignorierten Einfluss auf den Beurteilungsprozess. Ob sie sich mitteilt und was sie mitteilt, ist sehr wesentlich für eine zutreffende Einschätzung. Dabei verfälschen Auslassungen, Verzerrungen oder eigenes Nicht-Wissen oft das, was man als Wahrheit annimmt. Ein besonderer Abschnitt wird dabei der „biografischen Wahrheit“ gewidmet: Wie erinnert der Mensch das, was er erlebt und erfahren hat? Für jede Einschätzung einer anderen Person braucht man ihre offene und aktive Mithilfe, damit man sie verstehen lernt. Um diese zu erreichen, sind entsprechende Voraussetzungen zu schaffen.

Die dritte Dimension klärt die Frage, was geprüft wird. Worüber sollte man Erkenntnisse gewinnen, welche Kriterien und welchen Maßstab wählt man? Wie können die besonderen individuellen Merkmale einer Person herausgefunden werden? Welche Persönlichkeitseigenschaften sind besonders erfolgversprechend und wie kann man sie erkennen? Ausführlich werden die zentralen Eigenschaften anhand einer Dreiteilung in Kopf-, Bauch- und Herzkriterien dargelegt und begründet.

Die vierte Dimension beschreibt das methodische Handwerkszeug. In vielen Unternehmen wird der Einsatz von Auswahlinstrumenten kritisch geprüft, die Betriebsräte fordern zurecht Transparenz. Häufig ist es eine Glaubensfrage, welche Instrumente man einsetzt und nicht eine Frage der Effektivität. Welche Methoden eignen sich und wie setzt man sie ein? Ein umfangreicher Teil ist dabei dem Bewerbergespräch – dem am häufigsten genutzten Auswahlinstrument weltweit – gewidmet. Diese Ausführungen helfen allen, die an „echten“ Gesprächen mit Bewerbern oder Mitarbeitern interessiert sind.

Wenn diese vier grundlegenden Fragen geklärt sind, ist es möglich, einen effektiven Prozess der Potenzialerkennung und -entwicklung in einem Unternehmen zu etablieren, der mit Sicherheit die Qualität der Einschätzung und letztlich die Qualität der Stellenbesetzungen erhöht.

Jack Welch, der legendäre ehemalige CEO von General Electric, beschreibt in seiner Biografie, wie er über eine Zeit von sieben Jahren systematisch den „richtigen“ Nachfolger herauskristallisierte. Eine derartige Systematik zeichnet sich aus durch realistische Handhabung eines nutzbringenden Anforderungsprofils wie durch den Einsatz von geeigneten Auswahlinstrumenten. Hinweise zu einem effektiven Prozess professioneller Potenzialerkennung runden den Inhalt ab.

Das Buch kann kapitelweise gelesen werden. Eine Zusammenfassung am Ende eines Kapitels erleichtert das Verinnerlichen der wesentlichen Erkenntnisse.

Die erste Dimension: Der Beurteiler

Good people hire good people
bad people hire bad people
Good people fire bad people
Bad people fire good people

Ein Treffer macht noch keinen Schützen.

Heinrich Heine

Die Frage nach der Qualifikation von Beurteilern stellen sich nur wenige Unternehmen. Das Beurteilen anderer Personen wird wie selbstverständlich als Führungsaufgabe angesehen, die man eben beherrscht.

In der Potenzialerkennung besteht eine große Diskrepanz zwischen der Bedeutung der Aufgabe und dem Wissen darüber. Der Managementlehrer PETER F. DRUCKER ist überzeugt, dass die meisten Beförderungen Fehler sind: „Ein Drittel sind nach meiner Erfahrung komplette Katastrophen, ein weiteres Drittel verursachen hartnäckige Kopfschmerzen, maximal ein Drittel sind erfolgreich. In keinem anderen Managementbereich würden wir uns mit so miserablen Leistungen zufrieden geben." (DRUCKER 1985, 1996, S. 21).

Selbst der Dalai Lama erklärte öffentlich, dass von hundert Mönchen höchstens zehn „wirkliche" Mönche seien. Bewerber- und Mitarbeitergespräche entarten zu einem riesigen Bluff, der oft genug zwei Verlierer produziert.

Würden wir einem Arzt vertrauen, wenn wir wüssten, dass er sich mit seinem Fachgebiet gar nicht beschäftigt hat, einem Piloten, wenn wir wüssten, dass er nur mit Glück ein Flugzeug steuern kann? Eine Untersuchung von Psychologie Transfer (1997) zu der Frage, wie zweihundert repräsentativ ausgewählte Unternehmen in Deutschland neue Mitarbeiter angeworben und ausgewählt haben, ergab, dass nur eine von zweihundert jeweils verantwortlichen Personen umfassende

Kenntnisse in Eignungsdiagnostik erworben hatte; 77,5 Prozent waren kaum oder nie mit eignungsdiagnostischem Basiswissen konfrontiert.

Die Auseinandersetzung mit dem Potenzial einer anderen Person gehört sicher zum anspruchsvollsten Teil der Arbeit einer Führungskraft. Die Gefahr zu irren ist groß und nur wenigen ist bewusst, wie schwer es wirklich ist, etwas zu beurteilen, was außerhalb unserer Persönlichkeit liegt. Dennoch wird einer Person mit der Ernennung zur Führungskraft quasi automatisch die Kompetenz zuerkannt, Menschen auszuwählen und einzuschätzen. Ab dann gilt zu häufig: „Wer gut reden kann, kann auch gut interviewen!" Der persönliche Geschmack greift Platz und die Frage „Was gefällt?" wird vor die Frage „Was sehe und erkenne ich?" gestellt.

Man schaut nicht mehr genau hin, was Menschen machen, wie sie es machen und warum sie es machen. Das Interesse liegt mehr bei einem selbst als bei anderen. Auf dem Weg, ein guter Beurteiler zu werden, gilt es deshalb zunächst, sich der eigenen Verfälschungen und Verzerrungen bei der Beurteilung anderer Menschen bewusst zu werden. Nicht selten sagen die Urteile über eine andere Person mehr über den Beurteiler oder die Beziehung des Beurteilenden zu der Person als über die wahren Merkmale der Person, die eingeschätzt werden sollen. Einige Fehler bei Fremdeinschätzungen werden im Folgenden erörtert.

1 Wahrnehmungs- und Beurteilungsfehler bei Fremdeinschätzungen

1.1 Unbewusste Voreingenommenheit

Die Persönlichkeit eines Menschen scheint zu wechseln mit den Erwartungen und Vorurteilen seiner Gefährten. Wie jemand einen Charakter sieht, er hat in gewissem Sinne recht.

Luigi Pirandello

Das Ergebnis des Tests steht nunmehr fest; der Protegé des Geschäftsfreundes bekommt den Posten.

J. Braun, Betriebspsychologe

Verzerrungen im Fremdurteil entstehen, weil man sich so schwer von dem zu beurteilenden Sachverhalt bzw. der zu beurteilenden Person isolieren kann. Menschen glauben, objektive Schlüsse zu ziehen und wählen doch die Schlussfolgerungen, die ihnen am vorteilhaftesten erscheinen. Sie sehen und beurteilen die Welt aus ihrer Position. Oft kann man feststellen, dass dieselben Menschen in einer anderen Rolle auch andere Einschätzungen vornehmen. Den gleichen Menschen als Kollegen oder als Führungskraft zu beurteilen, kann sehr unterschiedlich sein.

Auch in der Politik ist dieses Phänomen zu beobachten, wenn Politiker von der Opposition auf die Regierungsbank wechseln. Wie schnell ändern sich dann auch die Einschätzungen von Sachverhalten! In einer Serie von Experimenten hat der Harvard-Professor Max Bazerman (2003, S. 56-64) Rechtsanwälte aufgefordert, gerechtfertigte Schadensersatzsummen für einen bestimmten Verkehrsunfall anzugeben. Die Schätzungen variierten erheblich, je nachdem ob der Anwalt sich in der Rolle des Verteidigers oder Anklägers befunden hatte.

1.2 Spontane Urteilsbildungen

The mind works to do or die, not to reason or ask why.

Robert Ornstein, Hirnforscher

Meist hält die Liebe auf den ersten Blick dem zweiten nicht mehr stand.

Elisabeth Hable

Viele Verantwortliche schwören auf den ersten Eindruck. Besonders beliebt sind solche Voraussagen im Vertrieb, weil angenommen wird, dass es gerade da auf einen solchen ankommt. Tatsächlich funktioniert das Urteil des ersten Eindrucks, nämlich wenn es als „sich-selbst-erfüllende-Prophezeiung“ wirkt (SNYDER 1984, KELLEY 1950). Das Unterbewusstsein eines Menschen lässt zu, dass nur die Dinge vornehmlich wahrgenommen werden, die eine Bestätigung dieses Eindrucks produzieren. Dies wirkt z. B. in der Phase der Verliebtheit.

Die Attraktivitätsforschung liefert Nachweise, wie sehr man sich vom äußerlichen Eindruck leiten lässt (LANGLOIS 2000). Das Urteil über andere Menschen hängt vom Äußeren stärker ab, als wir wahrhaben wollen. Wir schließen vom Aussehen einer Person auf Gesundheit, wir schließen auch auf die Persönlichkeit: Wer schön ist, ist auch gut! Schöne Menschen werden eher als sympathisch und sozial kompetent eingeschätzt, sogar als intelligenter und erfolgreicher (ETCOFF 2001). Wie lässt sich das erklären? Der erste Eindruck ist ein Schnellverfahren der sozialen Wahrnehmung, ein intuitives Überlebenssystem im Menschen, mit dem zunächst die Abschätzung der Verträglichkeit vorgenommen wird: Kann dieser Mensch gefährlich werden oder kann man ihm trauen? Bei der Partnersuche steht die Lebensfrage im Vordergrund: Kann dieser Mensch der Traumpartner sein?

Wenige Hinweise genügen, um auf die ganze Person zu schließen. Es ist ein gefühlsauslösender Mechanismus. Menschen reagieren unbewusst auf eine Vielzahl an Reizen und Signalen, die einmal emotional aufgeladen wurden. „Wir wählen und bevorzugen intuitiv, was uns vertraut ist und was wir häufiger sehen, kommt uns vertrauter vor" („mere exposure effect") (ERNST 2003a, ZAJONC 1984). HEIKO ERNST gibt ein schönes Beispiel, wohin das führen kann: Ein junger Taiwanese schrieb seiner Angebetenen 700 Liebesbriefe. Sie heiratete schließlich den Briefträger.

Die Tendenz, nach dem ersten Eindruck zu urteilen, lässt sich nicht ausschalten. Deshalb sollte man ihn bewusst aufnehmen, als Hypothese akzeptieren, um mit ihm zu arbeiten.

Bei einem Arbeitsverhältnis oder einer Partnerschaft wird der erste Eindruck dann kontinuierlich relativiert. Es zeigt sich im Laufe der Zeit, was eine Person wirklich ausmacht. Mit der Erweiterung relevanter Informationen lässt sich das Bild des ersten Eindrucks in der Regel nicht mehr halten, da sich typische Verhaltensmerkmale herausbilden, die eine Persönlichkeit weit stärker konturieren als die spontane Einschätzung. Für typische Merkmale braucht man vor allem eines: eine wiederholte Beobachtung, am besten in unterschiedlichen Situationen.

1.3 Emotion

Emotion ist die Fähigkeit, eine Lage in Sekunden falsch zu beurteilen.

Menschen vertrauen auf ihre gefühlsmäßigen Entscheidungen nicht nur beim ersten Eindruck. GERHARD ROTH, Direktor am Institut für Hirnforschung der Universität Bremen, bestätigt: „Nur Emotionen haben – als Zustände des limbischen Systems – einen direkten Einfluss auf unser Verhalten" (KLEIN 2004). Der Einfluss kann so stark sein, dass an gefühlsmäßigen Entscheidungen hartnäckig festgehalten wird, selbst, wenn die Faktenlage dagegen spricht.

Wir bleiben wider besserem Wissen bei unserem Urteil (Trotzeffekt). Warum werden Autos gekauft, die in der Pannenstatistik an der letzten Stelle liegen? Warum bleibt man bei einer Einschätzung über eine Person, obwohl sich aus der Potenzialbeurteilung keine Hinweise ergeben, vielleicht sogar limitiertes Potenzial sichtbar wird?

Menschen können Beweise für ihre Überzeugungen finden, mögen diese wahr oder falsch sein. Statt sich eines Besseren belehren zu lassen, wird die Plausibilität von Verfahren, Gesprächen angezweifelt. Handlungen und Äußerungen von anderen Personen werden so verzerrt, dass das, „was ist", zu dem passt, „was sein darf". Sobald man persönlich mit einem Sachverhalt zu tun hat, spielt die Emotion mit, dominiert das Gefühl den Verstand.

1.4 Halo-Effekt

Wir glauben nur, was wir sehen – aber wir sehen nur, was wir glauben wollen.

Albert Einstein

Als Halo-Effekt (griech. *Halo,* Hof um Sonne und Mond) wird ein bei der Persönlichkeitsbeurteilung auftretender Fehler bezeichnet, der zum ersten Mal von THORNDIKE (1920) so benannt wurde: Eine überstrahlende Eigenschaft führt zu Urteilsverzerrungen und zum Übersehen anderer Merkmale. Die Extravertiertheit ist häufig ein überlagerndes Kriterium: Auftritt macht Eindruck.

Oft bekommen auch informelle Eindrücke, z. B. einer Führungskraft über einen Mitarbeiter, eine so große Bedeutung, dass andere Eigenschaften übersehen werden. Wenn jemand sympathisch wirkt, neigt man schnell dazu, ihn günstiger zu beurteilen (ZIMBARDO 1995, S. 526f.).

Sehr gute Schulnoten lassen einen Kandidaten als gut erscheinen. Die gleiche Person wird entweder als intelligent, aufgeschlossen, begabt eingeschätzt oder als gehemmt, schwierig, lernschwach, je nachdem ob sie den Angaben zufolge aus einem gehobenen Viertel oder aus einem sozialen Brennpunkt (DARLEY & GROSS 1983) kommt.

1.5 Interferenzfehler

Leben besteht in dem, was der Mensch den ganzen Tag über denkt.
Ralph Waldo Emerson

Menschen übertragen und schlussfolgern permanent aus dem, was sie erleben, um sich die Welt erklärbar zu machen. Sie schlussfolgern aus ihrem Denksystem heraus, subjektiv. Schlussfolgerungsfehler gibt es z. B. bei Übersetzungen in eine andere Sprache, und sie spielen eine verzerrende Rolle in der Einschätzung anderer Menschen.

- Wenn jemand schön ist, ist er auch gesund!
- Brillenträger sind gebildet!
- Freundliche Gesten einer egoistischen Person sind bloße „Masche“!
- Wenn jemand rhetorisch gut ist, ist er intelligent!
- Wenn jemand schnell spricht, ist er ein Schnelldenker!

Die Annahmen über die Welt, wie sie subjektiv erlebt und erklärt wird, wirken unmittelbar auf das Urteil über andere Menschen ein. Im Extrem trifft man keine Aussage über den Kandidaten, sondern über sich. Mit bestimmten Antworten und Schlussfolgerungen ist man zufrieden, sie erscheinen plausibel, andere werden nicht akzeptiert und auch nicht verstanden (Kausalattributionen) (NEUBERGER 1995, S. 201f.).

Die Attributionstheorie konzentriert sich auf die Versuche „gewöhnlicher“ Menschen, den inneren und äußeren Ereignissen, die sie wahrnehmen, Sinn zu verleihen (making sense). „Sinn verleihen“ heißt, dass sie nach Ursachen für Handlungen suchen und aus beobachtetem Verhalten auf innere Dispositionen schließen (ZIMBARDO 1995, S. 700 f.). Auf die Frage: „Warum haben Sie die Prüfung nicht bestanden?“, finden Menschen internale oder externale Ursachen als

Begründung. Internal bezieht sich auf die Person (z. B. faul, zu dumm, zu aufgeregt), external bezieht sich auf die Situation (z. B. keine Zeit zur Vorbereitung, Prüfung zu schwer).

All das scheint akzeptabel, weil verständlich. Die Begründung: „Weil es geregnet hat", stieße hingegen auf Unverständnis, obwohl sich aus der Biografie der anderen Person durchaus eine plausible Erklärung ergeben könnte.

Ort der Verursachung / Zeitliche Stabilität	In der Person (internal)	In den Umständen (external)
Stabil	z. B. Fähigkeit	z. B. Aufgabenschwierigkeit
Variabel	z. B. Anstrengung	z. B. Zufall

Quelle: Weiner (1972)

Abb. 2: Kausalschema

Beurteiler tendieren stark zu internalen Attributionen, während die Handelnden zu situativen Erklärungen neigen. Führungskräfte rechnen insbesondere schlechte Leistungen häufiger dem Mitarbeiter zu. Mitarbeiter suchen eher äußere Bedingungen als Grund. Ross (1977) bezeichnet diese Tendenz als fundamentalen Attributionsfehler.

In dieser Art von Urteilsverzerrungen spielt auch der *Stereotypen-Effekt* eine Rolle. Wenn ein Beurteiler glaubt, der typische Mensch einer bestimmten Kategorie (Schwarzer, Jude, Franzose, Frau etc.) verfüge über bestimmte Merkmale, dann sieht er diese möglicherweise in jedem, von dem er weiß, dass er zu einer solchen Gruppe gehört (Zimbardo 1995, S. 700 f).

Auch bei der Frage, wer wen sympathisch findet, schlussfolgern wir:

Muster 1:
Wir nehmen an, wen wir sympathisch finden, den finden auch andere sympathisch (allgemeine Beliebtheit).

Muster 2:
Wenn wir zwei Menschen gut finden, glauben wir auch, dass die beiden gut klar kommen miteinander!

Muster 3:
Wenn wir einen ablehnen, nehmen wir an, die beiden finden sich nicht gut (ERNST 1995).

1.6 Vergleichsfehler

Der Vergleich ist das Ende des Glücks und der Anfang der Unzufriedenheit.

Sören Kierkegaard

In Vergleichen zu bewerten und zu urteilen, ist ein Wesensmerkmal von Menschen. Im Sport, in der Politik, in der Bildung (PISA) wird der vergleichsweise Beste ermittelt. Selbst bei der Frage nach der Zufriedenheit im Leben haben Vergleiche einen großen Einfluss. Oft geht es Menschen besser, wenn es vergleichbaren Menschen schlechter geht.

In einem Experiment des Sozialpsychologen FRITZ STRACK konnten Versuchspersonen wählen zwischen einem Verdienst von hunderttausend Euro im Jahr, wobei alle anderen hundertzwanzigtausend Euro bekämen oder einem Verdienst von achtzigtausend Euro für alle. Alle Versuchspersonen wählten die zweite Alternative.

Gerade wenn es um eine folgenschwere Entscheidung für oder gegen einen Menschen geht, behelfen sich Menschen gerne mit Vergleichen. Erfahrene Menschen brauchen ihn tendenziell etwas weniger, sie haben die Vergleichsmuster in sich: Menschen, mit denen sie gute oder weniger gute Erfahrungen gemacht haben. Wer es nicht weiß, nimmt den relativ Besten. Ob dieser auch den Anforderungen entspricht, ist unklar. Oft bleibt Unsicherheit bei Vergleichen, ob überhaupt einer den Anforderungen entspricht. So wirken Vergleiche in aller Regel als Hilfestellung, wen man *nicht* will. Umgekehrt wirken schlechtere Kandidaten im Vergleich oft verstärkend auf bessere Kandidaten.

Dieser Effekt wird nicht selten von Personalberatern genutzt, die zu Beginn einen vermeintlich schwächeren Kandidaten anbieten, um einerseits die Anforderungen noch besser heraushören zu können, andererseits die nachfolgenden Favoriten in besserem Licht erscheinen zu lassen.

Auch im Interview gilt es, vorsichtig mit den Erkenntnissen aus Vergleichen umzugehen. Wenn allen Kandidaten die gleichen Fragen gestellt werden, wie in strukturierten Interviews, können die Unterschiede in den Antworten der Kandidaten herausgearbeitet werden. Inwieweit diese Antworten Hinweise auf geforderte Persönlichkeitskriterien geben, ist damit jedoch nicht ohne Weiteres geklärt.

Dennoch sollte der Vergleich bei der Auswahl von Menschen in jede Systematik eingebaut werden. Wie an späterer Stelle ausgeführt, kann man sich auf die vorab definierten Anforderungen häufig nicht verlassen. Im Grunde weiß man nicht wirklich, was man sucht, so dass Vergleiche schon eine Orientierungshilfe bieten können für die Konkretisierung eigener Vorstellungen über eine andere Person.

Bei der internen Auswahl ist eine Personalentscheidung oft schon präjudiziert. Es wird gar nicht mehr hingeschaut. FREDMUND MALIK (2000, S. 207) empfiehlt zu Recht, dass man sich zwingen sollte, drei bis fünf Kandidaten im Vergleich anzuschauen, auch wenn es Zeit kostet. Alternativen gehören zu jedem abgesicherten Entscheidungsprozess.

In der Einschätzung anderer Menschen gibt es keine absolute Richtigkeit. Man sollte von anderen nicht konkret und verbindlich eine Antwort erwarten, wie der andere Mensch sein sollte (eher, wie er nicht sein sollte). Deshalb ist der Vergleich mehrerer Personen durchaus ein legitimes Mittel, sich einer realistischen Vorstellung des Gesuchten anzunähern. Doch es sollte eine überschaubare Zahl sein, weil ansonsten der umgekehrte Effekt eintritt (PAULUS 2002).

1.7 Reihenfolgefehler (Primacy-Recency-Effekt)

Bei einer vergleichenden Auswahl entstehen Verzerrungen im Eindruck und damit auch im Urteil durch den Primacy-Recency-Effekt. Der Primacy-Recency-Effekt bezeichnet ein Phänomen, demzufolge nicht nur der Inhalt von Informationen zu einem Gesamteindruck führt, sondern auch die Reihenfolge, in der sie wahrgenommen werden.

Der Primacy-Effekt bedeutet, dass der erste Eindruck am höchsten bewertet wird, während der zuletzt erhaltene Eindruck (Recency-Effekt) am längsten und stärksten haften bleibt (DIETERICH/DIETERICH 1996, S. 270). Der Primacy-Effekt zeigt sich auch bei den oben beschriebenen spontanen Urteilsbildungen: Erste Informationen, die wir über andere wahrnehmen, machen einen stärkeren Eindruck als spätere, insbesondere, wenn sie negativ sind (ZIMBARDO 1995, S.701). Verstärkt wird dieser Effekt noch durch die Neigung, jene Verhaltensweisen, die einen ersten Eindruck widerlegen, vorübergehenden Konstellationen oder äußeren Ursachen zuzuschreiben.

Hier sind nur einige wichtige Wahrnehmungs- und Beurteilungsfehler aufgeführt. Auch Profis sind nicht frei davon. Andererseits wird eine falsche Personalentscheidung durch nichts richtig gemacht. Um nicht auf sich selbst hereinzufallen, braucht es einen Rahmen, einen Prozess, der die Willkür alleiniger Entscheidung abmildert (s. dazu Kapitel V) und Klarheit darüber, wer gute Voraussetzungen mitbringt, ein fähiger Beurteiler zu sein oder zu werden. Davon handelt der nächste Abschnitt.

2 Fähigkeiten eines guten Beurteilers

Nachdem im letzten Abschnitt die zentralen Fehler bei der Fremdeinschätzung beschrieben wurden, stehen in diesem Kapitel die wichtigsten Fähigkeiten eines guten Beurteilers im Mittelpunkt. Für den Erwerb dieser Fähigkeiten gibt es allerdings keinen Schnellkurs. Das Erkennen und Verstehen anderer Menschen ist ein langer Prozess.

2.1 Erfahrung

Am Ende des Studiums waren wir voll mit Wissen, wir waren eine Gruppe von sehr selbstbewussten Ärzten, aber wir waren keine guten Ärzte.

Dr. Volker Kayser, Betriebsarzt Otto GmbH & Co KG

Eine ausgewogene Einschätzung anderer Menschen wird stark von Lebens- und Berufserfahrung beeinflusst. Tatsächlich gelingt es mancher erfahrenen Führungskraft, zutreffende Einschätzungen über Menschen abzugeben, obwohl sie nie Kenntnisse in Diagnostik erworben hat. Im Laufe des Lebens gewinnt die Beurteilungsfähigkeit an Kontur. Das gilt auch für Musik oder Malerei, Inneneinrichtung oder Kleidung. Ärzte und Richter verbessern ihr Urteilsvermögen in ihren Fachgebieten. Auf die Frage, wie ein Mediziner zu einer zutreffenden Diagnose kommt, gab ein erfahrener Arzt die Antwort: „Ein guter Arzt hat einen großen Friedhof!"

Junge Menschen in einem Erfahrungsvakuum urteilen oft extrem. Viele Erfahrungen, über die ältere Leute bereits verfügen, müssen erst selbst gesammelt werden. Ein Grund mehr, weshalb Führungsaufgaben nicht zu früh vergeben werden sollten. Die Lebensentwicklung arbeitet der Güte einer Führungskraft zu. Je mehr man sich mit Menschen beschäftigt und je mehr Erfahrungen unterschiedlichster Art mit Menschen gesammelt werden konnten, desto höher ist die Wahrscheinlichkeit, zu angemessenen Beurteilungen anderer Menschen zu gelangen.

2.2 Ähnlichkeit

Alles Erkennen ist ein Wiedererkennen.

Plato

Erkenntnis durch Ähnlichkeiten ist eines der grundlegenden diagnostischen Prinzipien. Was uns vertraut ist, womit wir Erfahrung haben, erkennen und verstehen wir leichter. Was in einem fremden Organismus vorgeht, kann nur dann erschlossen werden, wenn eine ähnliche Erfahrung oder ein ähnlicher Prozess in einem selbst assoziiert ist.

Die besten Beurteiler von bestimmten Persönlichkeitsmerkmalen sind diejenigen Personen, die diese Eigenschaften selbst in hohem Maße besitzen: Ein emotionaler Mensch wird eher Gefühlsäußerungen bei anderen verstehen als ein stark sachbetonter. Dem ehrgeizig Hochmotivierten wird vor allem der Antrieb anderer Personen auffallen, während schwach motivierte Menschen Handlungsorientierung nicht als besonders wichtig empfinden. Über das Wahrnehmen von Ähnlichkeit entsteht eine gemeinsame Basis für ein gegenseitiges Verstehen.

In Studien über die Beziehung von Ärzten zu Patienten ist festgestellt worden, dass Ärzte die Patienten am sympathischsten finden, die ihnen in der Intelligenz am nächsten kommen (Enke 1960, 1962). Ähnlichkeiten lassen sich bei denselben Lebenshintergründen, gemeinsamen Werten oder Interessen feststellen. So werden sich Vereinsmitglieder oder Anhänger derselben Sportart oder Religionsgemeinschaft, die Mitarbeiter einer Firma oder Menschen einer Partei beziehungsweise Nation leichter verstehen und leichter Kontakt zueinander finden als solche, denen diese Beziehungsmuster fehlen.

Sind bei Beurteilern ganz besonders ausgeprägte Eigenschaften oder Merkmale vorhanden, andere dafür weniger, sollte im Prozess der Potenzialerkenntnis darauf geachtet werden, dass für andere wesentliche Eigenschaften weitere Personen einbezogen werden. Eine derartige, vereinfachte „Rollenteilung“ findet sich oft bei der Kooperation von Führungskräften aus den Fachbereichen mit Mitarbeitern der Personalabteilung: Persönliches übernimmt der Personaler, Fachliches die Führungskraft!

Die Persönlichkeit eines anderen vermeintlich kennen zu lernen, wird erst durch das assoziative Schlussfolgern möglich, welches fest im Ähnlichkeitsprinzip verankert ist. Mathematisch ausgedrückt, ergibt sich die folgende Formel:

Sensorischer Anhaltspunkt + Assoziation 1 + Assoziation 2 + ... + Assoziation n = Verstehen [oder vermeintliches Verstehen] (Allport 1970, S. 516)

Beispiel: Wir nehmen an, unser Hund sei eifersüchtig. Wie sind wir zu dieser Schlussfolgerung gekommen? Eine mögliche Antwort wäre, dass das Verhalten des Hundes dem Verhalten eines – uns bekannten – eifersüchtigen Kindes gleicht. Wir urteilen nach Analogie. Wieso glauben wir zu wissen, dass ein Kind eifersüchtig ist? Erneut urteilen wir durch den Analogieschluss: Das Verhalten des Kindes erinnert uns an unser Verhalten in unserer Kindheit, wenn wir eifersüchtig waren (Allport 1970, S. 516f.).

Die Wahrscheinlichkeit der Schlussfolgerung wird proportional zu dem Grad der Ähnlichkeit sein. Das Ähnlichkeitsprinzip ist eine große Hilfe in der diagnostischen Arbeit, reicht aber allein nicht aus.

2.3 Distanz

Die Muster einer Persönlichkeit erkennen wir erst, wenn wir etwas zurücktreten.

Jedes Urteil ist geprägt vom Urteilenden. Dies gilt für jeden, der diagnostisch tätig ist: für Richter ebenso wie für Ärzte, Therapeuten oder Personaler. In der Justiz beispielsweise gibt es die Möglichkeit, Richter wegen Befangenheit abzulehnen. Es wird also davon ausgegangen, dass Menschen evtl. nicht mehr in der Lage sind, ein ausgewogenes Urteil zu sprechen, wenn die Distanz zum Sachverhalt oder zu den betroffenen Personen nicht gegeben ist. Ebenso achtet ein guter Therapeut auf eine angemessene Distanz zu seinen Klienten und deren Sorgen.

In einem Personalauswahlprozess ist die beteiligte Führungskraft am stärksten persönlich betroffen, denn sie wird mit dem ausgewählten Mitarbeiter täglich zusammenarbeiten und letztlich wird auch der eigene weitere Karriereweg von den ausgewählten Mitarbeitern und deren Fähigkeiten maßgeblich beeinflusst. Der klare Blick und eine distanzierte Betrachtung kann also leicht verloren gehen. Sehr persönliche Muster werden gelebt und bedient. Oft ist dies der Führungskraft selbst gar nicht bewusst. In der Praxis ist dies sowohl in Personalauswahlsituationen als auch in Mitarbeitergesprächen zu erkennen. Auch aus diesem Grund ist professionelle Personalauswahl und Potenzialeinschätzung keine „Ein-Personen-Veranstaltung“. Weitere kundige Personen, die eine neutrale Position einnehmen können, erhöhen und sichern die Qualität der Einschätzung.

Distanz lässt sich trainieren. Die beste Möglichkeit ist, sich selbst zu beobachten und das eigene Verhalten zu reflektieren. Gute Beurteiler sind häufig Menschen, die selbst schwer einzuschätzen sind. Oft sind introvertierte Menschen die besseren Beurteiler. Ihre Grundhaltung ist das Zuhören, nicht das Reden.

2.4 Einsicht

Wer einmal sich selbst gefunden hat, kann nichts mehr auf dieser Welt verlieren. Und wer einmal den Menschen in sich begriffen hat, der begreift alle Menschen.

Stefan Zweig

Wie und was jemand an anderen Menschen zutreffend erkennen und verstehen kann, ist elementar mit der Frage gekoppelt, wie gut er sich selbst kennt. Denn: Das einzige Selbst, zu dem ein unmittelbarer Zugang besteht, ist das eigene!

TERESA VON AVILA, eine große christliche Mystikerin, schrieb: „Nicht wenig Elend und Verwirrung kommen daher, dass wir durch eigene Schuld uns nicht selber verstehen und nicht wissen, wer wir sind.“ (VON AVILA 1979, S. 21).

Einsicht ist eine wertvolle Beigabe des Älterwerdens, da sie über einen langen Erfahrungsprozess reift. Allerdings reicht es nicht, nur älter zu werden, um ein guter Beurteiler zu werden. Vielmehr ist es notwendig, Rückmeldungen anderer über die eigene Person aufzunehmen und zu reflektieren. „Wer sieht, weiß mehr, und wer weiß, sieht mehr.“ (NEUBERGER 1998, 2000). Indikator für die Einsichtsfähigkeit einer Person ist die Übereinstimmung von Eigen- und Fremdwahrnehmung. Starke Diskrepanzen sind Indizien für eine eher schwache Einsichtsfähigkeit. Trainieren kann man diese Einsicht durch intensive Selbstbeobachtung und Reflexion. Alles, was uns an anderen gefällt oder missfällt, kann die eigene Selbsterkenntnis erhöhen (JUNG 1994).

Ein ergiebiger Weg ist, Rückmeldungen über die eigene Person einzuholen und anzunehmen. Dies fällt vielen Menschen schwer. Sie möchten gerne ihr Selbstbild erhalten. Wer gibt schon gerne zu – und sei es nur vor sich selbst! – bequem, wenig eigenmotiviert oder entscheidungsunfreudig zu sein. Gerade die differenzierte Reflexion kritischer Feedbacks ist jedoch eine entscheidende Voraussetzung für eine gute Einsichtsfähigkeit. Wer seine Schwächen kennt, kann sich Menschen mit kompensatorischen Eigenschaften in sein Umfeld holen.

Selbsterkenntnis wird stark von verschiedenen Umständen beeinträchtigt. Ein Aspekt ist dabei die emotionale Betroffenheit. Falls jemand stark emotional involviert ist, kann die Selbsterkenntnis sogar versagen: Es kann nicht sein, was nicht sein darf! Die Selbsterkenntnis wird auch durch Status beeinträchtigt. Ein entsprechender Status erzeugt bei den umgebenden Menschen oft angepasste Reaktionen. Führungskräfte erfahren selten, wie sie von ihren Mitarbeitern wirklich wahrgenommen werden. Dadurch schätzen sie die Wirkung ihres eigenen Verhaltens anders ein. George Bush sen. ist einmal gefragt worden, was sich in der Zeit nach seiner Präsidentschaft geändert habe. Seine Antwort: „Ich gewinne nicht mehr jede Golfpartie!“

Die Diskrepanz von Eigen- und Fremdwahrnehmung bei Führungskräften ist groß (Likert 1961, S. 41f.). Insbesondere was autoritäres Verhalten betrifft sowie die Offenheit, kritische Rückmeldungen über die eigene Person zuzulassen, und das Entscheidungsverhalten, so gibt es oft große Unterschiede in der eigenen und der fremden Wahrnehmung (Neuberger 1998, S. 20f.). Aus dem Archetypus von Mann (animus) und Frau (anima) abgeleitet, könnte man das sogar als ein „männliches“ Phänomen deuten. Der Mann als das vermeintlich stärkere Geschlecht, ignoriert eher Signale aus dem Umfeld, während die Frau in der Regel genauer darauf achtet, zu wem sie Kontakt aufbaut, wie sich dieser Kontakt gestaltet und welche Wirkung sie dabei erzielt. Die Evolutionspsychologie bestätigt, dass Frauen stärker in die Prüfung der Qualitäten des Partners investieren und ein ausgeprägteres Interesse an funktionierenden sozialen Beziehungen zeigen (Wright 1996, Buss 1994).

Zusammenfassend bleibt festzustellen: Die Einsicht in die eigene Person ist grundlegende Voraussetzung für eine ausgewogene Einschätzung von anderen. Ohne Selbsterkenntnis kein Verstehen!

2.5 Einfühlung

Oh, great spirit, help me, never judge another until I have walked two weeks in their moccasins.

Edmund Laughing Fox

Eine elementare Voraussetzung für das Verstehen anderer Menschen, ist die Fähigkeit, sich in sie einzufühlen. Wer sich nicht in die Gedanken, Gefühle und Handlungen eines anderen Menschen hineinversetzen kann, wird ihn nicht verstehen können. Kein Mensch ist so, wie wir ihn mit den Augen allein wahrnehmen. Dafür ist es notwendig, den eigenen Standpunkt mit den eigenen Ansichten und Emotionen zeitweise zu verlassen und während eines Gespräches quasi aus Sicht des Gegenübers den geschilderten Sachverhalt zu betrachten. Für diesen Prozess ist ein hohes Maß an sozialer Kompetenz nötig. Denn wie schwer es wirklich ist, den eigenen Standpunkt zu verlassen, zeigt sich in vielen Diskussionen.

Wie viel Kraft und Energie verwenden Führungskräfte in den Mitarbeitergesprächen darauf, andere zu etwas zu bewegen, sie zu beeinflussen? Was tun sie selbst, um den Mitarbeiter besser zu verstehen? Oft ist es schon hilfreich, nur eine einzige Frage zu stellen, anstatt Statements vorzutragen. Einfühlung und Empathie heißt, genau zu begreifen, was im anderen vorgeht. Es ist eine Art Gedankenlesen.

Auch hier bestätigt die Psychologie, dass Frauen in der Einfühlung begabter sind als Männer: Die Psychologin JUDITH

Hall wertete 125 einschlägige Experimente aus (Ernst 2003a, S. 26). Im Ergebnis bedeutet dies, dass Frauen zwischenmenschliche Signale besser deuten können als Männer. Sie dekodieren die nicht verbalen Signale anderer Menschen besser, schauen genauer hin und hören genauer zu (Bischof-Köhler 2002).

Einfühlung wird bereits in den ersten Lebensjahren durch das Spiegeln von Gefühlen eingeübt. Kinder erleben ihre Gefühle durch die Eltern, um diese ausbilden zu können. Geschieht dies nicht, entsteht ein verzerrtes Bild unseres Innenlebens (Ernst 2003b, S. 148, Ickes 1997).

Ohne Einfühlungsvermögen wären wir eingeschlossen in uns selbst, es gäbe keine dauerhaften Beziehungen zwischen Menschen (Ernst 2003b, S. 143f.).

2.6 Intelligenz

Klugheit erkennt man besser an den Fragen als an den Antworten.

Curt Goetz

Zu den wesentlichen Voraussetzungen eines guten Beurteilers gehören auch Intelligenz, Aufmerksamkeit und Konzentrationsvermögen. Es erfordert einen hellwachen Geist, um ein gutes Potenzial- oder Bewerbergespräch zu führen, das Gespräch zu lenken, die richtigen Fragen zu stellen, aufmerksam zuzuhören, in Bezügen zu denken und angemessen zu schlussfolgern.

Es liegt nahe, dass konzentrationsschwachen oder unaufmerksamen Menschen entscheidende Details entgehen können. Ein Mensch, der mit geringer Intelligenz ausgestattet ist, ist niemals in der Lage, das Repertoire und die Komplexität eines intelligenten Menschen zu erfassen. Häufig bekommen in diesen Fällen einzeln festgestellte Details große Bedeutung, ohne dass der Zusammenhang hergestellt wird. In der Medizin ist festgestellt worden, dass unterhalb eines Intelligenzquotienten von 85 Selbstbeurteilungen von Patienten nicht mehr verlässlich sind (ZERSSEN 1975).

Zusammenfassung

Der Mensch unterliegt Wahrnehmungs- und Beurteilungsfehlern. Der qualifizierte Beurteiler ist sich dessen bewusst und versucht, bewusst damit umzugehen.

Die Fähigkeit zur professionellen Beurteilung entwickelt sich nicht von heute auf morgen, es braucht eine reife, ausgewogene Persönlichkeit. Je stärker das Ego mitmischt, desto kritischer wird der Prozess.

Wichtige Fähigkeiten sind Einfühlungsvermögen und das Erkennen von Ähnlichkeiten. Es gibt keine absolute Wahrheit, Diagnostik ist „geschulte" Intuition verbunden mit methodischem Wissen.

Selbstreflexion und Selbsterkenntnis erweitern die Fähigkeiten Deutung anderer. Der Weg zu anderen führt nur über sich selbst!

Mit wachsender Lebenserfahrung und guten kommunikativen wie kognitiven Fähigkeiten ist der Mensch in seiner Ganzheitlichkeit selbst die wertvollste Quelle guter Beurteilung.

II Die zweite Dimension: Die zu beurteilende Person

3 Das Johari-Fenster der Wahrnehmung

Früher oder später erfindet jeder eine Geschichte,
die er für sein Leben hält.

Max Frisch

Die erfolgreiche Beurteilung eines anderen Menschen ist ohne dessen Bereitschaft und Mithilfe gar nicht möglich. Das Potenzial lässt sich am besten nicht über ihn, sondern mit ihm erarbeiten. Zum grundlegenden Verständnis dieses Prozesses dient das Johari-Fenster (LUFT/INGHAM 1955). Es beschreibt, welche Verhaltensbereiche in der Wahrnehmung des Selbst mit der Wahrnehmung von anderen korrespondieren.

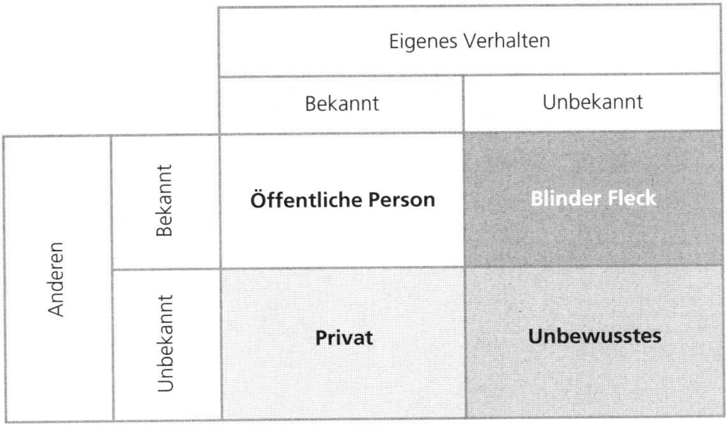

Abb. 3: Das Johari-Fenster der Wahrnehmung

3.1 Die öffentliche Person

Das Fenster der öffentlichen Person repräsentiert den Verhaltensbereich, der von anderen wahrgenommen wird und von der Person selbst auch gesehen wird.

Berühmten Persönlichkeiten werden bestimmte Eigenschaften zugeschrieben, Boris Becker z. B. „Ehrgeiz“ oder „Zielstrebigkeit“, die er wohl auch akzeptieren würde. Beim Bewerber ist der Teil der öffentlichen Person das, was wir in der Bewerbungsunterlage vorfinden.

In aller Regel wird in Bewerbergesprächen auf die „öffentliche Person“ Bezug genommen. Lebenslaufdaten werden wiederholt, man lässt sich Aufgaben und Firmen genau beschreiben, die keinen Hinweis auf die Persönlichkeit erlauben, man hält sich an Praktika in einer artverwandten Tätigkeit auf, wo sich praktisch nie persönlichkeitsdefinierende Elemente finden lassen oder bestätigt sich beim Interesse an ähnlichen Freizeitaktivitäten und Hobbys. Man traut sich nicht näher an den Menschen heran, so dass oft nicht erfragt wird, was wirklich interessiert. Damit bleibt ein wesentlicher Teil der Persönlichkeit für andere verschlossen. Aus Unsicherheit darüber, was erlaubt ist, hält man sich an Fakten und fachliche Fragestellungen. Auch Führungskräfte und Mitarbeiter haben einen Teil „öffentliche Person“, der im Unternehmen zugänglich und begrenzt auf betriebliche Sachverhalte ist.

3.2 Der blinde Fleck

Der blinde Fleck ist der Verhaltensbereich, den eine Person von sich nicht wahrnimmt, vielleicht auch nicht wahrnehmen möchte, den andere aber erkennen. Jeder Mensch hat einen derartigen „blinden Fleck“. Im Buddhismus wird der Lebenssinn darin gesehen, sich während des Lebens selbst kennen zu lernen. Natürlich hilft eine kritische Eigendistanz und die Bereitschaft, Rückkopplungen und Feedback von anderen aufzunehmen.

Der blinde Fleck macht die Fremdwahrnehmung zu einem schwierigen Unterfangen. Wie will man einen Menschen verstehen lernen, der sich selbst nur mehr oder weniger gut kennt?

3.3 Die private Person

Die private Person ist der Teil der Persönlichkeit, den diese selbst kennt und der anderen verborgen bleibt. Dies ist der Schlüssel zum Verstehen anderer Menschen. Solange der Gesprächspartner nicht grundsätzlich bereit ist, sich zu öffnen, gibt es keine Chance, ihn kennen zu lernen oder zu verstehen. Der Kandidat wie auch der Mitarbeiter entscheidet, ob er etwas aus dem Privatbereich preisgibt. Was er zu erzählen bereit ist, hängt zum einen davon ab, wie sehr er dem Gesprächspartner vertraut und ob er das Gefühl hat, angstfrei sprechen zu können (s. a. Kapitel IV) Darüber hinaus spielt der Anlass eine Rolle. Je nachdem, ob der Gesprächspartner sich um einen Arbeitsplatz bewirbt, eine Gehaltserhöhung bekommen oder Karriere machen möchte, werden Informationen ziel- und anlassgerecht aufbereitet.

3.4 Das Unbewusste

Das Unbewusste ist der Verhaltensbereich, der weder von anderen, noch von der Person selbst wahrgenommen wird. Er wirkt dennoch einflussreich mit. Je offener am blinden Fleck gearbeitet wird, je mehr man über die private Person erfährt, desto konzentrierter wächst die Erkenntnis für das bislang unbewusst Wirkende im Menschen. Dies zeigt, dass es in diesem Prozess elementar auf die Zusammenarbeit der Gesprächspartner ankommt.

4 Fehlerquellen bei der Selbsteinschätzung

4.1 Überschätzen der eigenen Leistung

Ich bin schön, ich bin stark, ich bin weise, ich bin gut.
Und ich habe das alles selbst entdeckt.

Stanislaw Lec

Fast alle Menschen neigen dazu, sich als überdurchschnittlich leistungsstark und talentiert zu geben. Dies zeigt sich in Bewerbungssituationen ebenso wie in Beurteilungsgesprächen mit Mitarbeitern. In Bewerbungssituationen ist dies schwer zu erkennen, weil der Beurteiler keinen persönlichen Eindruck vom Leistungsvermögen hat. In der täglichen Zusammenarbeit nehmen Führungskräfte dies sicherlich häufiger wahr, was dann zu langen Diskussionen über das Leistungsverhalten des Mitarbeiters führt, oft ohne „echte" Einigung. Manche Führungskraft mildert dann im Anschluss ihr eigenes Urteil ab, um weitere demotivierende und desillusionierende Effekte zu vermeiden. Auch bei der Zeugniserstellung scheuen Personalverantwortliche eine mögliche nachfolgende Diskussion mit dem Mitarbeiter oder gar die Auseinandersetzung vor Gericht. Fast die Hälfte der Zeugnisaussteller in den Unternehmen meint, dass ausscheidende Mitarbeiter zu gut beurteilt werden (Weuster 1994, S. 255).

Noch gravierender wirken sich solche Effekte auf den höheren Ebenen aus, wo oft ein Korrektiv fehlt. Von oben kann das wirkliche Leistungsverhalten nur schwer beurteilt werden, weil es sich oft auf die reine Ergebnispräsentation beschränkt. Von unten werden negative Auswirkungen befürchtet, wenn man mit der „Wahrheit" auf den Tisch kommt. „Es wirkt ein mentaler Mechanismus, eine permanente Verzerrung unserer Selbstwahrnehmung zu unseren

Gunsten. Wir brauchen die Illusion, in einigen wichtigen Persönlichkeitsmerkmalen besser zu sein als andere Menschen." (Ernst 2003b, S. 178).

4.2 Die eigene „Verkaufe"

Der Mensch ist am vollkommensten, wenn er eine Stellenbewerbung schreibt.

Restriktiv mit der Wahrheit umzugehen, scheint zu den ungeschriebenen Gesetzen in einem Bewerbungsprozess zu gehören (Schwerdtfeger 2002, S. 151f.). „Wer hier die ganze Wahrheit sagt, erscheint als wenig kompetent", sagt Jeanette Schmid, Psychologieprofessorin an der Universität Erfurt (Schwerdtfeger 2002, S. 156).

Nirgends scheint das Bluffen so einfach und gesellschaftlich anerkannt zu sein wie bei einer Bewerbung. Während die ausgefeilten „Eindrucksmanager" zunehmend professioneller agieren, wird auf Unternehmensseite oft zuwenig auf Professionalität geachtet. Manche Führungskräfte fordern den Bewerber geradezu auf, sich zu „verkaufen", also sich anders zu geben, als es seinem natürlichen Verhalten entspricht.

Worum geht es? Im Grunde reagieren Bewerber auf das, was sie erwarten. Paradox erscheint, dass die Anforderungen stets sehr anspruchsvoll formuliert werden. Auf allen Positionen wird „die eierlegende Wollmilchsau" gesucht. Anschließend wird allerdings nur oberflächlich geprüft und oft ohne großen Erkenntnisgewinn über eine Person entschieden. Wenn es möglich ist, mit Täuschen und Vertuschen einen guten Eindruck zu machen, warum sollten Bewerber dies nicht versuchen? Wenn das Zugeständnis von Schwächen zur Ablehnung führt, warum sollten welche zugegeben werden? Das Prinzip heißt soziale Erwünschtheit. Aus Sicht des Bewerbers ist klar, dass er einen guten Eindruck machen möchte und dazu alle Möglichkeiten nutzt.

4.3 Das selbstbezogene Wissen

Den meisten Menschen sind ihre Stärken gar nicht bewusst (und ihren Vorgesetzten auch nicht)!

Ein weiterer, wichtiger Aspekt bei der Beurteilung eines Bewerbers ist das selbstbezogene Wissen. Wie gut kennt ein Kandidat sich selbst? Wie groß ist der blinde Fleck? Von einem Zwanzigjährigen kann man in aller Regel noch nicht verlangen, dass er weiß, wie er funktioniert, was seine besonderen Stärken sind und wozu er taugt. Und bitte: Er muss auch noch nicht wissen, auf welcher Position er in zehn Jahren sein möchte. Einige Dinge kann man mit ihm erarbeiten, einige Grundfragen tendenziell klären. Dazu gehören zum Beispiel Fragen wie: Arbeitet er lieber allein oder im Team? Ist er offen für Neues? Kann er sich längere Zeit konzentrieren? Insbesondere das berufsbezogene Wissen über sich selbst bleibt mangels Berufserfahrung noch vage.

Dennoch muss man leider davon ausgehen, dass das selbstbezogene Wissen auch bei Berufserfahrenen eher in geringem Maße vorhanden ist. Wann beschäftigt sich jemand bewusst damit? Viele kommen damit erst in Berührung, wenn der Arbeitsplatz in Gefahr ist. Zwangsläufige Erweiterungen des selbstbezogenen Wissens sollten Jobveränderungen und Beförderungen mit sich bringen. Diese Erkenntnisprozesse könnten durch eine systematische Begleitung seitens des Unternehmens unterstützt werden.

4.4 Die Zuverlässigkeit von Aussagen

Niemand meint alles, was er sagt, und nur wenige sagen alles, was sie meinen.

David Baird, Schriftsteller

Wie kann man sich auf das verlassen, was einem berichtet wird? Marktforscher können bestätigen, wie unzuverlässig Menschen als Berichterstatter über eigenes Verhalten sind. Man weiß häufig nicht, ob das zutrifft, was einem beschrieben wird. Viele Bewerber legen sich Beispiele und Antworten zu bestimmten Themen und Fragen zurecht, beispielsweise zu Stärken oder Schwächen, zu Teamfähigkeit, Entscheidungsfähigkeit etc. Das ist absolut legitim. Schließlich wird erwartet, dass sich die Gesprächspartner auf das Gespräch vorbereiten. Zu empfehlen ist sogar, mit der Einladung zum Gespräch, Schlüsselfragen und Hinweise zu geben, worum es im Gespräch gehen wird. Ein Kandidat soll sich mit sich und seinem Leben beschäftigen, damit das Gespräch über den Austausch von Allgemeinplätzen hinauskommt.

Selbstverständlich richtet der Bewerber seine Aussagen daran aus, was dem Gesprächspartner gefallen könnte. Er wird die vermeintliche Wahrheit auszugsweise und zweckgerichtet präsentieren. Wenn man dann beim üblichen Frage- und Antwortspiel bleibt, sich mit einem Beispiel oder mit jedem Beispiel zufrieden gibt, erfährt man nichts! Die Erkenntnis über eine Person wächst durch das Erkennen typischer Wesensmerkmale, die sich regelmäßig wiederholen. Also reicht ein Beispiel nie aus. Um zuverlässig zu prüfen, brauchen wir mehrere Hinweise. Nutzt man wirksame Gesprächstechniken, ergibt sich häufig ein ergiebiger Austausch, der die Antwort ausschließt, „... darüber habe ich mir noch keine Gedanken gemacht!“

4.5 Exkurs: Wie funktioniert Erinnerung?

Ein ideales Leben ist, was der idealen Geschichte folge.

Friedrich Nietzsche

Lange wurde angenommen, dass Erinnerungen an bestimmten Stellen des Gehirns zu finden seien. Heute weiß man, dass sie als Muster neuronaler Verbindungen über verschiedene Bereiche des Gehirns verteilt sind (WELZER 2002). Die Nervenzellen im Gehirn sind untereinander verbunden und verändern durch neue Informationen ständig die Konstellation, sind also nicht statisch (PARNAVELAS 1998).

Das Gehirn ist eine lernende Organisation! Sich zu erinnern, bedeutet, Muster zu aktivieren, wobei mit dem Erinnerungsinhalt einiges passieren kann. Er kann zum Beispiel verblassen oder verschwinden. Neuronale Verbindungen, die Erinnerungen repräsentieren, werden schwächer oder lösen sich sogar auf, wenn sie nicht in Anspruch genommen werden. So verschwinden oft alltägliche und routinierte Verrichtungen aufgrund ihrer geringen Erinnerungsrelevanz. Die Erinnerung an die tägliche Arbeit geht oft verloren. Auch wenn man jeden Arbeitstag heute als aufregend erlebt, wird in einigen Jahren nicht viel davon übrig bleiben. Die Erinnerung taucht eventuell wieder auf, wenn man in alte Terminkalender schaut.

Hingegen werden Ereignisse von emotionaler Bedeutung mit hohem Aufmerksamkeitswert deswegen stärker erinnert, weil man sie immer wieder ins Gedächtnis ruft und häufiger darüber spricht. Das heißt, dass man nicht unreflektiert übernehmen kann, was berichtet wird. So kann es zum Beispiel sein, dass eine Person von einem Ereignis berichtet, welches sie gar nicht erlebt hat. Im Fall eines Amoklaufs in einer amerikanischen Schule, bei dem ein Kind getötet wurde, erinnerten sich sogar Kinder, die an jenem Tag gar nicht in der Schule waren, daran, Schüsse gehört und jemanden am Boden liegen gesehen zu haben (PYNOOS & NADER 1989). Dabei spielt sicher eine Rolle, dass über dieses Ereignis immer wieder geredet wurde und damit das Ereignis eine Art von sozialer Standardisierung erreichte und alle Schüler ähnliche Erinnerungen abgespeichert haben. Möglicherweise kam hinzu, dass auch ein geheimer Wunsch, bei einem solchen spektakulären Ereignis dabei gewesen zu sein, auf die Erinnerung eingewirkt hat.

Am bekanntesten ist inzwischen das Lost-in-the-shopping-mall-Experiment (LOFTUS 1995), in dem Versuchspersonen eine Reihe von Kindheitserlebnissen vorgelegt wurde, die zuvor von Verwandten berichtet wurden. Allerdings war die Geschichte, einmal als Kind im Supermarkt verloren gegangen zu sein, erfunden. Schon beim ersten Durchlauf erinnerten sich immerhin neunundzwanzig Prozent der Versuchspersonen. In weiteren Versuchsdurchgängen wurden diese Erinnerungen weiter präzisiert und in ihre eigene Lebensgeschichte integriert.

Es kann auch sein, dass eine Person etwas Extremes erlebt hat (z. B. Unfall, Misshandlung) und sich nicht daran erinnern kann, was ihr faktisch widerfahren ist, sondern an das, wovor sie sich am meisten gefürchtet hat („greatest fear vision") (SCHACTER 1996). Menschen löschen negative Ereignisse auch vollständig aus. Vorgänge werden komplett verdrängt, wie das Sitzenbleiben in der Schule, schlechte Noten, etc.

Offenbar spielt die emotionale Einbettung einer erlebten Situation eine größere Rolle für die Erinnerung als das, was tatsächlich geschehen ist. In einem Versuch wurden Kinder durch ein Museum geführt. Sie konnten sich später im Grunde nur noch an jene Bilder erinnern, über die der Versuchsleiter mit Ihnen gesprochen hat. Dinge, die erläutert wurden, bleiben eher in Erinnerung. Die Entwicklung eines autobiografischen Gedächtnisses hängt eng mit der zunehmenden Sprachkompetenz zusammen. An die Zeit als Kleinkind erinnert man sich nur über Bilder oder Erzählungen anderer. Erinnern hängt stark vom sozialen Erleben ab. Damit werden Erinnerungsmuster aktiviert. Das autobiografische Erinnern entspringt dem sozialen Gedächtnis. Zusammengefasst: Erinnerungen sind das Produkt von Beziehungen.

Autobiografische Erzählungen werden selbstverständlich auch vom gegenwärtigen Gefühlszustand beeinflusst. Ein Mensch beschreibt seine Lebensgeschichte im Zeitablauf mit zwanzig, mit vierzig und mit sechzig Jahren unterschiedlich. Geschlechtsspezifische Unterschiede sind auch bekannt: Frauen lernen eher, ihre Emotionen zu beachten und auszudrücken, achten stärker auf interpersonelle Beziehungen. Männer leben eher in den Mustern Selbständigkeit, Rationalität und Kompetenz.

Das alles bedeutet, dass der Beurteiler die biografischen Daten, die ihm vermittelt werden, anders definieren muss, als er es gewohnt ist. Das reine Erheben und Abfragen von Fakten ist erkenntnisarm. Viel versprechender und ergiebiger ist es, nach den Lehren aus der Vergangenheit zu fragen. Es kommt weniger darauf an, präzise Aussagen über die Vergangenheit eines Menschen zu gewinnen, sondern darauf, ihn heute zu verstehen.

4.6 Die eigene Biografie

Die Wahl des Berufs gehört zu den wichtigsten Dingen im Leben. Der Zufall entscheidet.

Blaise Pascal

In Personalgesprächen wird oft nach dem roten Faden gesucht. Nur wenige Menschen können ihn gut begründen. Die Studentenzeitung UNICUM hatte in der Januarausgabe 2004 berühmte Persönlichkeiten nach ihrem Kindheitswunsch befragt. Kein einziger hatte ihn realisiert. Hans-Olaf Henkel wollte Tenorsaxofonist werden, hat sich mit einundzwanzig Jahren bei IBM beworben und ist sehr lange dort geblieben. Werner Müller wollte Chemiker werden, bekam keinen Studienplatz, später wurde er Wirtschaftsminister. Dieter Kempf, DATEV-Chef, wollte Pilot werden. Leider waren die Leistungen in den naturwissenschaftlichen Fächern zu schlecht. Eine Geschichte mit zielgerichtetem Lebensplan ist nur wenigen Menschen vorbehalten. Viele Biografien bekannter Menschen zeugen davon, dass das Leben unvorhersehbare Wendungen nimmt und unerwartete Weichen stellt.

Rückblickend entsteht allerdings oft eine Lebenslogik. Yehudi Menuhin sagte zu seinem siebzigsten Geburtstag, er könne sein Leben in mathematischer Genauigkeit und Logik herleiten. Vielleicht kann der Mensch so etwas wie eine Berufung in sich spüren, der er lange eher unbewusst folgt, zu der er aber hingeführt wird (Ernst 2003, S. 61f.). Nicht selten entwickeln sich Lebensläufe zu Spiegelbildern der Eltern. Man kennt die beruflichen Tätigkeiten der Eltern aus täglicher, direkter Berichterstattung, hält sich in dem vertrauten Milieu auf und nicht zuletzt entwickeln Eltern mit ihren Wünschen und Vorstellungen auch unbewusst Erwartungen, die Kinder spüren. Diese folgen später oft dem Weg, den der dominierende, erfolgreiche Elternteil eingeschlagen hat.

Doch dieser Rückgriff geht uns in einer Zeit von instabilen privaten Verhältnissen, wachsenden Scheidungsraten, Patchwork-Familien etc. zunehmend verloren. Ein langjähriger Ausbildungsleiter eines Industrieunternehmens berichtete, dass er mit Erschrecken festgestellt hat, dass Bewerber um einen Ausbildungsplatz heute zu einem großen Teil nicht einmal mehr wissen, was die Eltern beruflich machen!

Eine andere Frage ist, welche Geschichte in einem Bewerbergespräch erzählt wird. Die erzählte Biografie wird dem Wunsch des Zuhörers angepasst. Je nach Gegenüber wird die Erzählung anders ausfallen: Gegenüber dem Lebenspartner, gegenüber einem Freund, gegenüber dem eigenen Kind, gegenüber einem Interviewer, einem Kollegen, einem Konkurrenten, der Nachwelt! Auch im biografischen Interview wird der Erzähler versuchen, sich so darzustellen, wie er von anderen gesehen werden möchte (Billmann-Mahecha 1996, Welzer 1998). Selbstverständlich gilt dieser Aspekt auch für Mitarbeitergespräche. Der Mitarbeiter konstruiert seine „Geschichte" gegenüber der Führungskraft genauso wie die Führungskraft gegenüber der nächsthöheren (Neuberger 1998, S. 20f.). Dies gilt umso mehr, wenn bereits negative Erfahrungen vorliegen. Die eigene Biografie ist eine Konstruktion, die sich an den Deutungen früherer Erfahrungen orientiert. Im Beschreiben des Lebenslaufes geht es also sicher nicht um die Wahrheit, sondern um die Darstellung eines Selbstbildes vor anderen und für andere. Es geht um die Wahrheit *im Gespräch*, eine Wahrheit zu zweit (Bruder 2003, S. 12, Flax 1990, S. 41, Rorty 1989).

Der Interviewer oder die Führungskraft wird quasi zum Co-Produzenten des Gesprächs und der Biografie. Viele Interviewer neigen dazu, von sich zu abstrahieren, als hätten die Antworten nichts mit ihnen zu tun. Der Interviewer will eine neutrale Auskunft über das Verhalten, Denken, Fühlen und die Fähigkeiten des Gesprächspartners, doch erhält letztlich nur eine Antwort auf die Interviewer-Situation (Bruder 2003, S.

12). Der Interviewte sagt, was er in dieser Situation für zu sagen geeignet hält. Dies hängt von seinen Erwartungen ab. Zum Beispiel geht in Interviews mit Häftlingen die Erwartung von Hafterleichterung oder -verkürzung ein. Der Häftling gibt also sozial erwünschte Antworten (Bruder 2003, S. 13, Kiesling 2003). Von Bedeutung bleiben diese Aussagen im Grunde nur, wenn sie auch jenseits des Interviews zutreffen, also eine Übertragung möglich ist (Bruder 2003, S. 26f.).

Die Biografie ist also eine Bestandsaufnahme, eine Auswahl aus dem Leben, gemessen an den Absichten, die damit realisiert werden sollen. Es geht immer um die wechselseitige Überprüfung, ob man sagen darf, was man sagt. Das Sprechen zielt auf Anerkennung in einer Machtsituation. Die Anerkennung hängt von der Zustimmung des Interviewers oder der Führungskraft ab, diese wiederum von den Lebenserfahrungen des Interviewers, der Führungskraft. Die präsentierte Biografie wird oft lediglich durch Versprecher aus dem Unbewussten heraus relativiert (Bruder 2003, S. 16). Somit sind Beiläufigkeiten, Kleinigkeiten, Feinheiten durchaus hinweisstark, da sie nicht Teil der konstruierten Selbstdarstellung sind.

4.7 Zukunftsprognosen

Wie wir uns erinnern, beeinflusst unsere Zukunft!

Eigene Zukunftsprognosen werden ebenso wie die Betrachtung der Vergangenheit emotional geleitet. Wünsche und Sehnsucht nach Glück, nach einem zufriedenen Leben dominieren. Wünsche sind letztlich eine Prognose unserer Gefühle (Loewenstein, Schkade 1999, Schäfer 2004, S. 27). Unsere Vorstellung davon, was uns glücklich macht, ist nichts Feststehendes, sondern auch abhängig von Modeerscheinungen und Manipulation. Beispielsweise wünschen sich viele Menschen ein Leben ohne Arbeit, mit viel Müßiggang und

Freiraum. Wenn die Pensionierung naht, stellt man fest, wie sehr eine feste Zeitstruktur, Leistungsdruck und Anerkennung anderer gebraucht wird. Die Einschätzung zukünftiger Emotionen hängt stark vom momentanen Gefühlszustand ab (Schäfer 2004, S. 20-27). Vermutlich lässt sich eher von der Annahme ausgehen, dass sich Menschen bei ihren zukünftigen Gefühlen verschätzen.

Ebenso ist bei Fragen wie: „Wo möchten sie in fünf Jahren stehen?“ – „Was ist ihr berufliches Ziel?“, davon auszugehen, dass zunächst die Antworten gegeben werden, die den Fragenden zufrieden stellen.

Zusammenfassung

Der Einfluss des Beurteilten auf das Ergebnis wird schnell unterschätzt. Bewusste oder unbewusste Verzerrungen, Tilgungen, die vom Beurteilten ausgelöst werden, wirken auf sein Selbstbild und auf das Fremdbild des Beurteilenden ein. Was weiß er von sich? Was gibt er preis?

Jedenfalls kann man nicht davon ausgehen, dass in der Biografie und Erinnerung eines Menschen die Vergangenheit feststeht. Sie verändert sich mit dem aktuell Erlebten. „Die biografische Wahrheit ist nicht zu haben“, schreibt Sigmund Freud (1937, S. 328).

Man muss sich der Wahrheit annähern und sie gemeinsam erarbeiten. Deshalb spielen eine gute Gesprächsführung und die Wahl der Instrumente bei der Auswahl und Einschätzung des Potenzials eines Menschen eine entscheidende Rolle, und umso wichtiger wird die Frage, worauf es denn ankommt, über welche Persönlichkeitsmerkmale man einen sicheren Eindruck gewinnen möchte.

III Die dritte Dimension: Beurteilungs-merkmale

Menschen werden eingestellt wegen der fachlichen Voraussetzungen und entlassen aus persönlichen Gründen.

Um das Gewicht eines Menschen zu bestimmen, hat man als Maßeinheit das Kilogramm, für die Größe Meter und Zentimeter, selbst das Volumen, die Körperstatur, der Fettanteil, der Blutdruck lässt sich präzise klären. Aber was macht man, wenn man den Charakter, das Wesen, die Verhaltensweisen, das Potenzial, die Persönlichkeit erfassen will? Schon bei der Feststellung, was normal ist und was nicht, ist es schwer, ein Urteil zu fällen. Die Niere eines Afrikaners funktioniert genauso wie die eines Europäers. Doch ein bestimmtes Verhalten kann in Afrika als normal gelten und in Europa als pathologisch beurteilt werden oder umgekehrt.

Zu den Schwierigkeiten bei der Einschätzung von Persönlichkeitsmerkmalen kommt hinzu, dass auf die Fachkompetenz oft ein zu starkes Gewicht gelegt wird. Der klassische Fall sind die „Schornsteinbeförderungen“: Der beste Verkäufer wird zum Verkaufsleiter, der beste Controller zum Leiter Controlling! Häufig zeigt sich, dass diese Führungskräfte lediglich versuchen, in der neuen Aufgabe mehr von dem zu machen, was zur Beförderung geführt hat. Auch bei externen Besetzungen reicht als Nachweis in der Regel, dass jemand ein gleiches oder ähnliches Aufgabengebiet in seiner Vita vorweist. Ob er es wirklich beherrscht, bleibt in der Regel unklar. Die Fokussierung auf die fachliche Qualifikation ist auch allein schon deshalb fraglich, weil der fachliche Vorsprung nur eine kurze Berufszeit erhalten bleibt, oft schon innerhalb des ersten Jahres egalisiert wird. Es ist die individuelle Persönlichkeit, die den Unterschied macht.

Um Menschen besser einschätzen zu können, behilft man sich seit Jahrhunderten mit einer Einteilung in Kategorien.

5 Bezugsgrößen

5.1 Zugehörigkeit zu einem Typus

Die psychologische Typologie hat keineswegs den an sich ziemlich belanglosen Zweck, Menschen in Kategorien einzuteilen, sondern sie bedeutet vielmehr eine kritische Psychologie, welche eine methodische Untersuchung und Ordnung von seelischem Erfahrungsmaterial ermöglichen soll.

C. G. Jung

Es liegt im Menschen, sich und andere Kategorien oder Typen zuzuordnen. Alle Typologien, die im Laufe der Jahrhunderte entstanden sind, tragen der Erfahrung Rechnung, dass die Menschen verschieden sind, aber zugleich ähnlich (ROHR, EBERT 1993, S. 17). Astrologie, Biologie, Chemie, und Psychologie werden bemüht, um Menschen zu klassifizieren. Das bekannteste Beispiel ist sicher die Typologie der Sternzeichen.

Grundlegende Persönlichkeitstypologien, die heute noch immer eine Bedeutung haben, sind aus körperlichen Merkmalen abgeleitet, so die Temperamentenlehre nach HIPPOKRATES mit dem jähzornigen Choleriker, dem hoffnungsvollen Sanguiniker, dem traurigen Melancholiker und dem teilnahmslosen Phlegmatiker. Das Temperament als die emotionale Grundlage der Persönlichkeit ist vor allen Dingen durch die chemischen Vorgänge des Körpers bedingt. Jedem Typen sind entsprechende Körpersäfte (Blut, Galle, Schleim) zugeordnet (ALLPORT 1949, S. 66).

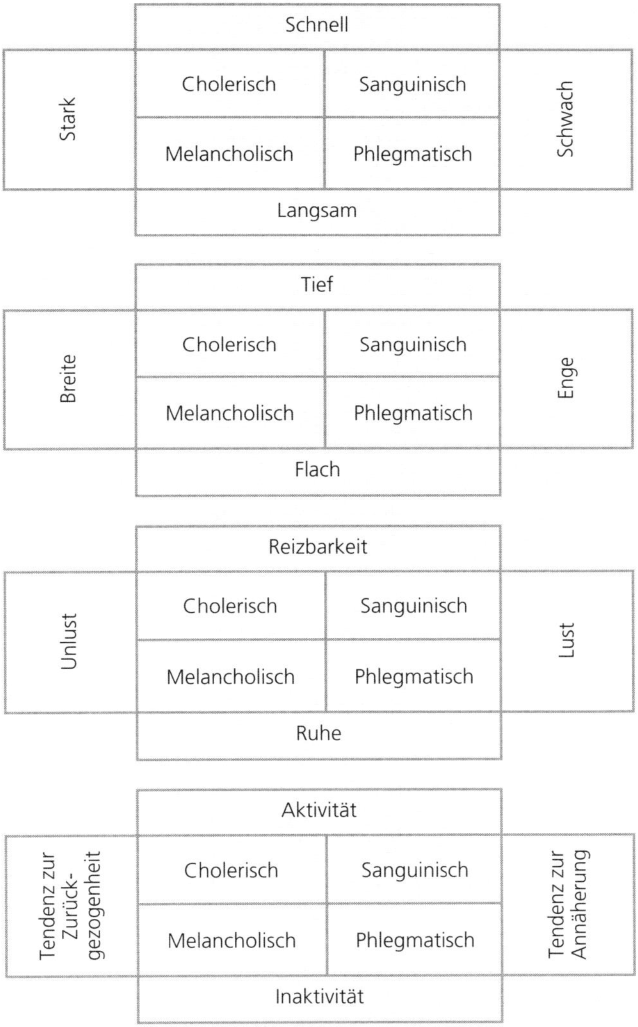

Quelle: Allport (1970), S. 38

Abb. 4: Die vier Dimensionen emotionaler Reaktion

Die Typologie nach Ernst Kretschmer (1921), mit dem kräftigen, muskulösen Athletiker, dem untersetzten Pykniker, und dem dünnen Leptosomen, leitet den Charakter aus dem Körperbau eines Menschen ab. Wenn ein Mensch diesen Körpermerkmalen entspricht, wird auf einen korrespondierenden Krankheitsbefund geschlossen.

Eine alte Typologie aus dem spirituellen Umfeld ist das Enneagramm, das die Menschheit in neun Typen einteilt. Jeweils drei Kategorien werden zu einer Gruppe zusammengefasst: Kopf-, Bauch-, Herzmenschen. Die Psychoanalytikerin Karen Horney (1984) stellt die Hypothese auf, dass bei jedem Menschen einer der drei Körperbereiche dominiert und die Lösung von Lebenskonflikten aus dem dominierenden Bereich gesteuert wird. Der Kopftyp ist eher selbsterhaltend, zurückgezogen, der Bauchtyp instinktiv, direkt, der Herzmensch beziehungsorientiert, hingewandt. Diese Typologie ist von den Sufis entwickelt worden und zielte ursprünglich darauf, Menschen auf dem Weg zu Gott behilflich zu sein. Innere Barrieren, „Leidenschaften“ wie Habgier, Hass, Neid etc., gilt es zu erkennen und zurückzuweisen (Shah 1989, S. 200f.).

Die Typologie nach C. G. Jung (1994), die Grundlage vieler Verfahren geworden ist, stellt drei Begriffspaare gegenüber: Extraversion und Introversion, Denken und Fühlen, Empfinden versus Intuition. Isabell Briggs Myers (1976) hat eine vierte Kategorie hinzugefügt: Judging versus perceiving, also die Neigung zu schnellem Urteil versus der Empfänglichkeit gegenüber vielen Einflüssen (vgl. auch Dietrich/Sowarka 1995, S. 437f.), aus denen sich dann eine Einteilung in acht bzw. sechzehn Typen ergibt.

In den letzten Jahrzehnten ist auch das Neurolinguistische Programmieren (NLP) zu Auswahlverfahren herangezogen worden. Die Klassifizierungen beziehen sich in der Hauptsache auf die Wahrnehmungskanäle von Menschen: So gibt es kinästhetische, visuelle, auditive, olfaktorische und gustatorische Typeneinteilungen. Die Kenntnis darüber hilft zu verstehen, welche Wahrnehmungskanäle eine Person bevorzugt. Daraus werden Rückschlüsse auf Persönlichkeitseigenschaften gezogen.

Inwieweit helfen Typologien nun, einen Menschen zu erfassen? Typenlehren sagen im Grunde, dass gewisse Menschen anderen ähneln, oft nur in einer Hinsicht. Angenommen, Person A ist ein eher visueller Typ, durchaus athletisch, eher extravertiert, neigt zu schnellem Urteil und besitzt Interesse an Marketing.

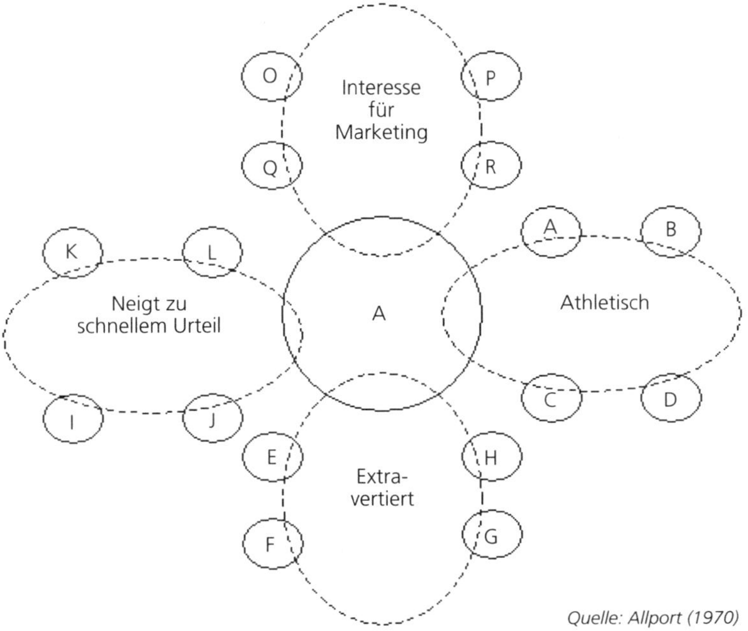

Quelle: Allport (1970)

Abb. 5: Typologie und Individualität

Die Zugehörigkeit von A zu einer Gruppe von Menschen zu kennen, hilft Ähnlichkeiten mit den jeweiligen Gruppenmitgliedern zu identifizieren. Was A als Individuum ausmacht, ist damit noch nicht klar. Alle Typologien erfassen einen Teilausschnitt einer Person und sind für einige Kennzeichen von Bedeutung, sie erfassen nicht die Gesamtpersönlichkeit. Mit typologischen Verfahren zu arbeiten hilft, in diagnostischen Bezügen zu denken, Ordnung zu schaffen. Sie bieten eine Orientierungshilfe, bei der man sich nicht die Mühe machen sollte, alles passend zu machen. Sie sind vergröbernde Reduktionen menschlichen Verhaltens. Sie ersetzen nicht die weiterführende diagnostische Arbeit, das Charakteristische einer Person herauszufinden.

5.2 Eigenschaften der Person

Es gibt wohl kaum einen Menschen, der sich nicht in einigen wesentlichen Charaktereigenschaften von anderen unterscheidet, selbst unter guten Freunden, und eine einzelne Handlung oder kurz währende Verhaltensweise genügt, um das zu bestätigen.

John Stuart Mill

Auf dieser Erde leben ca. 6,3 Milliarden Menschen und jeder ist ein Individuum. Und sicher würden Tierhalter von ihren Hunden und Katzen ebenfalls behaupten, dass sie einen besonderen Charakter haben. Wie ist es möglich, das jeweilige Individuum zu beschreiben und damit zu verstehen? Ein Weg ist, die Eigenschaften einer Person zu beobachten und zu beschreiben. Der amerikanische Psychologe und Harvard-Professor Gordon Allport (1970, S. 345) hat mit seinem Team bereits in den zwanziger Jahren festgestellt, dass es im amerikanischen Wörterbuch circa 18 000 persönlichkeitsbeschreibende Begriffe gibt. Gäbe es eine Möglichkeit, zu erkennen, welche Eigenschaften von Dauer sind und sich in verschiedenen Situationen wiederholen, käme man näher an die grundlegende Disposition einer Persönlichkeit heran. Dabei wird es niemals eine solche Genauigkeit wie bei den körperlichen Merkmalen geben können, und genauso wie der Blutdruck eines Menschen durch eine einmalige Messung nicht treffend beschrieben wird, genügt auch nicht die einmalige Beobachtung eines Verhaltens. Um mit Eigenschaften arbeiten zu können, sind einige Grundlagen zu beachten. Mehr dazu in den folgenden Abschnitten.

5.2.1 Eigenschaften als fundamentale Dispositionen der Persönlichkeit

Bezeichnungen von Eigenschaften beschreiben die Struktur einer Persönlichkeit und bilden den Ausgangspunkt, um diese zu verstehen und zu diskutieren.

Gordon Allport

Mit dem Erkennen von Eigenschaften hat man Kategorien zur Klassifizierung von Gewohnheiten (habits) und Haltungen (attitudes) zur Verfügung. *Gewohnheiten* sind nicht die bloße Wiederkehr spezifischer Handlungen, sie haben zu tun mit besonderen Empfindlichkeiten oder Zugänglichkeiten oder mit beständigen Zuneigungen oder Abneigungen. Ein Kind wird an das Händewaschen vor Mahlzeiten gewöhnt. Erst, wenn weitere Handlungen dazu kommen, zeigt sich das Verlangen nach Reinlichkeit (ALLPORT 1970, S. 336f.).

Haltungen werden deutlich über Bezugsobjekte: Wie steht jemand zu Tieren, Kirche, zu Alkohol etc. So wenig ein Muskelzucken etwas über die körperliche Konstitution aussagt, so wenig hilft eine einzige Beobachtung menschlichen Verhaltens, um dadurch auf die Persönlichkeit schließen zu können. *Eigenschaften* (traits) wiederum werden auf einer höheren Ebene auf der Grundlage spezifischer, situationsabhängiger Gewohnheiten gebildet.

5.2.2 *Grundlegendes zur Erkenntnis von Eigenschaften*

Das individuelle Verhalten einer Person ist einerseits unbegreiflich und andererseits vorhersehbar.

Gordon Allport

Eigenschaften erschließen sich nicht durch einmalige, direkte Beobachtung. Das Wissen von anderen Menschen wird indirekt erzeugt, zunächst schemenhaft, flüchtig. Um Eigenschaften einer Person wirklich herauszuarbeiten, braucht es daher mehrere Schritte. Beispiel: Was lässt sich auf eine Person rückschließen, wenn wir beobachten, dass sie auffällig gut gekleidet zum Gespräch erscheint?

Die Kleidung könnte ein Ausdruck von Detailorientierung, Perfektion sein, es könnte ein Ausdruck von Ästhetik, Stil sein, es könnte auch ein Ausdruck von Selbstdarstellung, eigener Erhöhung, Egoismus, hohem Anspruch an sich und andere sein, es könnte ein Ausdruck von Formalismus, regelgeleitetem Verhalten sein, ein Beweis für hohes Selbstwertgefühl oder für das Gegenteil, es könnte Kompetenz signalisieren oder das Gegenteil, es könnte Vertrauenswürdigkeit herausstellen oder Status und Prestige betonen, Understatement zeigen oder Einschmeichelei bedeuten. Oder es könnte etwas bedeuten, das sich dem gewohnten Kausalitätssystem noch entzieht ...

Die Varianten schränken sich mit weiteren Beobachtungen und Informationen ein. Es kann auch sein, dass keine der Hypothesen zutrifft und die Beobachtung keine Erkenntnis bringt. Wenn beispielsweise bekannt wird, dass die Eltern ein Bekleidungsgeschäft haben oder der Lebenspartner die Kleidung auswählt, fängt die Exploration von vorne an! Der Hypothese muss also nachgegangen und weitere Hinweise müssen gesammelt werden. *Es ist unmöglich, Eigenschaften oder Dispositionen direkt zu beobachten. Sie können lediglich erschlossen werden.* Eine spezifische Handlung gibt keine Aus-

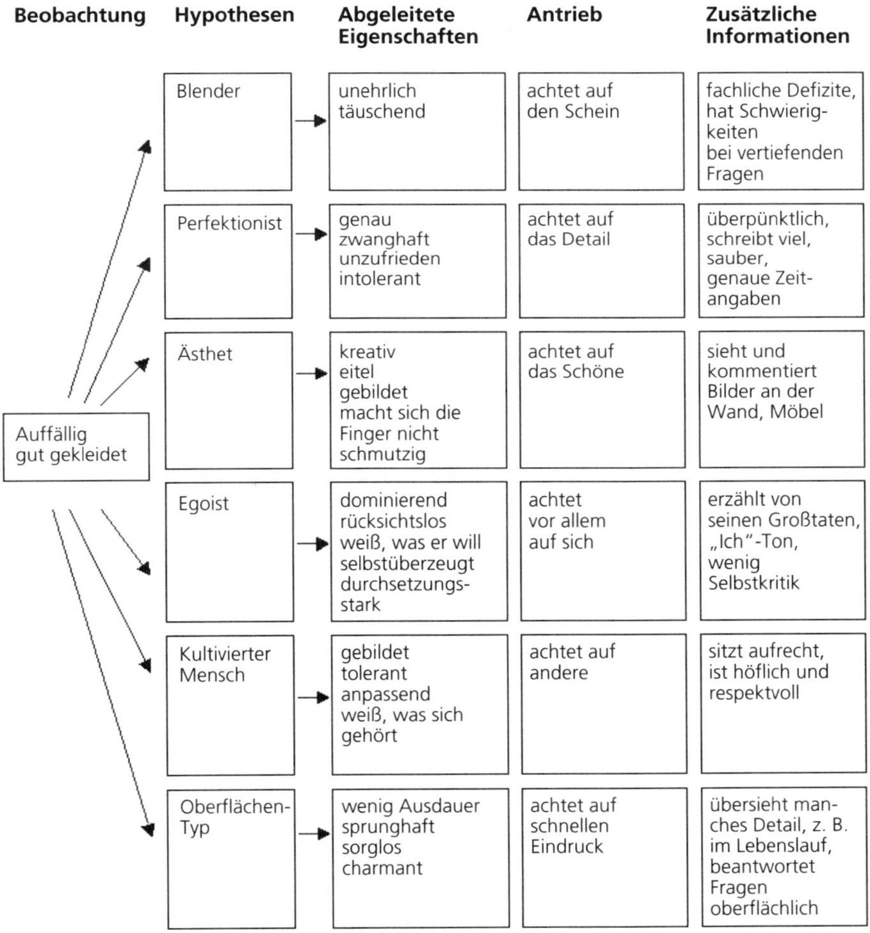

Abb. 6: Das Rückschließen von beobachtetem Verhalten auf Eigenschaften

kunft über eine grundlegende Eigenschaft, es ist das wiederholte Auftreten von Handlungen, die dieselbe Bedeutung haben. Eigenschaften können nur durch Schlussfolgerung oder Interpretation erkannt werden, die sich aus der nachweisbaren inneren Beständigkeit oder Konsistenz der einzelnen Handlungen ergibt (ALLPORT 1970, S. 324f.).

Falsche erste Eindrücke werden überwunden und mit wachsender Vertrautheit schält sich die wahre Persönlichkeit des Bewerbers heraus.

5.2.3 Die eingeschränkte Konsistenz von Eigenschaften

Starke Menschen haben auch starke Schwächen. Wo es Berge gibt, da sind auch Täler.

Peter F. Drucker

Bei aller Neigung, Eigenschaften zu definieren und abzugrenzen, sind diese niemals konsistent oder unabhängig voneinander. Unterschiedliche Lebenssituationen erfordern verschiedene Eigenschaften, Widersprüche und Konflikte liegen in jedem Menschen. Die stärkste Schwäche ist gleichzeitig auch Gabe und umgekehrt. Alltägliche Erfahrungen bestätigen immer wieder: Es gibt Menschen, die ordentlich gekleidet sind, deren Schreibtisch jedoch unordentlich wirkt, die am Arbeitsplatz nett und freundlich sind und zu Hause aggressiv oder umgekehrt.

Eine stark ausgeprägte Eigenschaft kann gleichzeitig Hinweis für besondere Schwächen einer Person sein und umgekehrt. Je nach Situation erleben andere den gleichen Menschen sehr unterschiedlich. Eine dominante Person übernimmt leicht und gerne Verantwortung, handelt aus eigener Überzeugung, ist vielleicht durchsetzungsstark. Doch Dominanz ist ebenso Ich-Betonung und kann mangelnde Sensibilität im Umgang mit anderen Menschen bedeuten. Eine Kompetenz kann sich in einer einzelnen Eigenschaft ausdrücken, für andere Kompetenzen braucht man ein Bündel von Eigenschaften.

Dominante Personen sind in der Regel entscheidungsfreudig, da sie aus eigener Überzeugung handeln. Das allein reicht noch nicht aus, die Eigenschaft „Entscheidungsfähigkeit" zu identifizieren: Wenn ein dominanter Mensch sehr sicherheitsorientiert, pedantisch ist, wird es bei jeder Entscheidung quälend in ihm arbeiten, oft endend im Dilemma. Dann werden Entscheidungen verschoben, die Verantwortung delegiert. Also braucht es dazu noch den Blick für das Große und Ganze, den Mut und die Toleranz, unsichere Situationen zu ertragen. „Wir sollten nicht schnell zufrieden sein, viele Menschen überraschen uns, sodass wir unser Urteil relativieren oder revidieren müssen" (Allport 1970, S. 309). Erst mit dem Älterwerden erlebt man Menschen in ihrem Verhalten konsistenter.

5.2.4 *Die zentralen allgemeinen Eigenschaften*

Von den Forschungen ausgehend (Allport 1936) destillierten sich aus allen möglichen Begriffen als kleinstmögliche Zahl sinnverwandter Begriffsgruppen fünf übergeordnete Persönlichkeitsdimensionen heraus, heute als die Big Five (Howard 2002) bekannt. Die Ausprägungen sind als Kontinuum zu verstehen, können von schwach bis stark gehen.

1. *Neurotizismus (Emotionale Stabilität)*
   Damit wird die emotionale Sensibilität beschrieben, das Ausmaß der Reaktion auf Stress. Es macht einen Unterschied, ob man tendenziell ruhig, gefasst, besonnen oder aufgeregt, ängstlich in Stresssituationen reagiert.

2. *Extraversion*
   Das Ausmaß an Bedürfnissen hinsichtlich sensorischer Stimulation durch Menschen und Situationen. Es macht einen Unterschied, ob jemand lieber für sich, zurückgezogen leben möchte oder ein starkes Bedürfnis nach menschlichem Kontakt hat.

3. *Kreativität*
   Das Ausmaß der Offenheit gegenüber neuen Erfahrungen/Verfahrensweisen. Der eine möchte bewahren, möglichst wenig Unsicherheit durch Neuerungen, Veränderungen, der andere lässt sich inspirieren von Neuem, will entdecken.

4. *Verträglichkeit*
   Verträglichkeit beschreibt das Ausmaß unserer Ausrichtung an anderen. Es macht einen Unterschied, ob sich jemand anderen gegenüber tolerant, akzeptierend verhält oder egozentrisch, aggressiv und hart.

5. *Gewissenhaftigkeit*
   Das Ausmaß der Intensität, mit dem wir unsere Ziele anstreben. Es gibt Menschen, die in der Regel fleißig, diszipliniert und zuverlässig auf Ziele hinarbeiten, andere, die eher flexibel, entspannt, spontan an Aufgaben herangehen.

Letztlich entstehen aus diesen Kategorien Verhaltensprofile, die einen erheblichen Beitrag zum Verständnis über sich und andere Personen leisten. Auf diesen fünf Kategorien aufbauend ist es möglich, einen großen Teil der Talente und Potenziale in einer Person aufzuspüren, die dann als Kompetenzen ausgebildet, Menschen in ihrer beruflichen Aufgabe oder Entwicklung unterstützen und erfolgreich machen.

Welche Kompetenzen, Fähigkeiten sind es, die im beruflichen Kontext für eine erfolgreiche Tätigkeit heute besonders günstig wirken und wie können sie identifiziert werden? Als zentrale Fähigkeiten sollen in den folgenden Abschnitten Kopf-, Bauch- und Herzkriterien genauer untersucht werden.

6 Kopfkriterien – Kognitive Fähigkeiten – Nicht die einzigen, aber immer wesentlichen Voraussetzungen

Wenn komplexe Systeme nicht funktionieren,
liegt es nicht am System, sondern an den Menschen.

Fredmund Malik

Eine Welt, die sich stark und schnell wandelt, deren Komplexität stetig zunimmt, die weltweit vernetzt ist, eine nicht überschaubare Informationsflut produziert, stellt eine enorme kognitive Anforderung, das Aktuelle zu verarbeiten wie auch die weitere Entwicklung zu gestalten (Kruse 2004, S. 13f., Warneke 2004, S. 3). Es hat den Anschein, dass es mehr denn je einen „klaren Kopf" braucht, um die heutigen Probleme zu lösen. Es gilt heute, auf die attraktive Empfehlung zurückzugreifen: Einfacher machen, Komplexität reduzieren! Less is more!

Ist das die Lösung? Die Natur, das Gehirn, Unternehmen, die Marktwirtschaft sind komplexe Systeme, die in ihrer Wirkungsweise intransparent und unerklärlich bleiben. Wird die Leistungsfähigkeit durch Reduzierung von Komplexität erhöht? Der Managementberater Fredmund Malik (2003, S. 181) schreibt: „Ein System ist einfach, wenn es nur wenige verschiedene Zustände haben, komplex, wenn es viele verschiedene Zustände haben kann. Je komplexer ein System ist, desto größer ist das Reaktionsspektrum, desto variantenreicher kann es auf Veränderungen des Marktes, der Umwelt, der Kunden, der Politik reagieren."

Statt zu vereinfachen ist die Aufgabe eher, aus der großen Zahl an Reaktionsmöglichkeiten die optimalen auszuwählen.

Beim Schach ist die Zahl der Züge am Anfang begrenzt. Später hat dieses Spiel eine gigantische Varietät: Die Anzahl der möglichen Züge beträgt zehn hoch hundertfünfundfünfzig. Zum Vergleich: Die Sterne unserer Milchstraße schätzt man auf zehn hoch elf! (Malik 2003, S. 182) Ist es nicht genau das, was den unerschöpflichen Reiz dieses Spiels ausmacht? Um sinnvoll vereinfachen zu können und besser damit umgehen zu können, muss man die Wirkungsweise des Systems verstehen. Oft wird Komplexität mit Kompliziertheit verwechselt, bei der durch „Zu-viel-Machen", durch Ignorieren von Erkenntnissen und Erfahrungen wirkungslose Umständlichkeit produziert wird. Der richtige Umgang mit Komplexität stellt daher einen hohen Anspruch an flexible Logik und offene Intelligenz (Kruse 2004, Holler 1996, S. 407).

Viele Managementdiagnostiker und Testpsychologen gehen davon aus, dass die kognitiven Fähigkeiten eines Menschen sehr wesentliche Komponenten für alle berufliche Leistungen darstellen (vgl. Brocke 1995, Rescher 1993, Klempp & McClelland 1986, Schuler 1998). Ein Zusammenhang zwischen Intelligenztests und beruflichem Erfolg muss allerdings kritisch gesehen werden (Daumenlang 1995).

Auch die Ergebnisse des legendären Experiments „Lohhausen" von Dietrich Dörner, der Versuchspersonen als Bürgermeister der imaginären Stadt Lohhausen fungieren ließ, ergaben keinen signifikanten Zusammenhang von vorher durchgeführten Intelligenztests mit dem Erfolg der Versuchspersonen. Die in der Praxis geforderte Problemlösungskompetenz lässt sich durch Intelligenztests nicht ausreichend erfassen. Versuchsleiter erzielten im Übrigen durch Beobachtung der Versuchsteilnehmer bessere Ergebnisse (Dörner 1994).

Wie das kognitive Grundvermögen auch immer erhoben wird, es ist davon auszugehen, dass ein höherer Grad an Kognition grundsätzlich beruflichen Erfolg begünstigt. Das Intelligenzniveau bestimmt wesentlich, welche Innovationen eine Person in ein Unternehmen, in eine Gesellschaft einbringen kann (EYSENCK 1981, KIRTON 1987). Dabei spielen vier Grundfähigkeiten eine besonders wichtige Rolle im Berufsleben: analytisches Denkvermögen, Fähigkeit zur Übersicht, strategisches Denken und Kreativität bzw. Intuition. Diese überschneiden sich zwar, werden aber teilweise im Sprachgebrauch dennoch nicht genügend differenziert.

6.1 Analytisches Denkvermögen

Die Vorstellungskraft muss ihre Arbeit der Prüfung der kritischen Fähigkeiten vorlegen.

Morris I. Stein

Der Begriff „analytisch" ist aus dem Griechischen über das Lateinische in die deutsche Sprache gekommen. In der ursprünglichen Bedeutung wird „Analyse" mit „Auflösung" übersetzt. Im Duden wird „analytisch" als „zergliedernd, zerlegend, durch logische Zergliederung entwickelnd" beschrieben. Der analytische Mensch sieht seine Aufgabe darin, den Dingen auf den Grund zu gehen, Ursachen zu erforschen, die Gründe für Probleme zu erkennen. Er ist eher detailorientiert, differenzierend, sachlich gelenkt, vom Grunde eher ein kritischer Geist, der ungern ungeprüft übernimmt und auch Neuem, nicht Bestätigtem skeptisch gegenüber steht. Analytische Menschen bedienen sich der Fakten, Daten und Zahlen und leiten daraus logische Schlussfolgerungen ab. Analysierendes Denken trennt Dinge, die auf einer tieferen oder höheren Ebene untrennbar miteinander verbunden sind. Deshalb tendieren analytische Menschen zum Polarisieren, zum Entweder-oder statt zum Sowohl-als-auch. Die Methode ist das aufmerksame, konzentrierte Denken. Der Analytiker leitet mögliche Lösungen von der Logik her und oft aus der Rückbetrachtung. In Projekten hat das analytische Denken seinen besonderen Wert, zum Beispiel bei der Bestandsaufnahme: Herausfinden und erklären, warum etwas nicht gut gelaufen ist, wo Risiken sind und was sich bewährt hat. Ein prägnantes Beispiel sind die Rekonstruktionen nach Flugzeugabstürzen.

Analytiker negieren auf der anderen Seite oft Tiefendimensionen, wollen nicht erkennen, dass Dinge auf einer tieferen Ebene zusammenhängen und sich erklären. Dies führt in einer vielschichtigen Unternehmenswelt oft zu eindimensionalen Lösungsansätzen, zu einer abstrakten Extrapolation von erkannten Zuständen. Beispielsweise ist der Internethype von vielen Analytikern logisch fortgeschrieben worden mit zu erwartenden DAX-Höchstständen, die heute blanke Illusion sind. Schon bei der Betrachtung von Märkten wird es schwierig, richtige Prognosen aufgrund von Logik abzuleiten. Unternehmensentwicklungen werden selbst von Experten nur noch vierteljährlich vorausgesagt. Wenn eine Führungskraft beispielsweise eine Leistung beurteilt, geht der analytische Mensch oft von einfachen Kausalitäten aus wie Soll-Ist-Abweichungen. Der Übersichtliche sieht auch den Rahmen, versucht den Zusammenhang zu verstehen, in dem eine Leistung erbracht wurde und der verdeutlicht, ob das Gezeigte überhaupt eine Leistung ist.

6.2 Fähigkeit zur Übersicht

Klar sieht, wer von fern sieht, nebelhaft, wer Anteil nimmt.

Laotse

Die Fähigkeit zur Übersicht bedeutet, dass ein Mensch in der Lage ist, sich aus einer großen Zahl von Details gedanklich zu erheben und quasi von oben auf das Thema zu schauen, den „Helicopter-View" einzunehmen, die Zusammenhänge zu erkennen. In einer Zeit der Informationsüberflutung, in der sich allein das verfügbare medizinische Wissen alle vier Jahre verdoppelt, mangelt es immer mehr an der „Kunst der Zusammenschau“ (ERNST 2003, S. 103). Fähigkeit zur Übersicht ist sicher eine wesentliche kognitive Kompetenz, die beispielsweise Schachgrößen die Spielsituation erkennen lassen, ohne jede einzelne Komponente analysiert zu haben. Beim Hausbau kommt jeder Handwerker und arbeitet in seinem Spezialgebiet. Hat der Bauherr nicht den Überblick, wird es anschließend teuer! Fehlt ein umfassendes Bild des Systems mit seinen Wechselwirkungen, wird nur *ein* Problem erkannt, andere werden nicht gesehen (DÖRNER 1991, S. 129, 87f.).

Übersicht braucht es im unternehmerischen Kontext nicht nur bei komplexen Problemstellungen, sondern auch in der Führung von Mitarbeitern. Dort werden Führungskräfte häufig mit Ihnen zunächst unbekannten Problemstellungen konfrontiert. Wenn ein Mitarbeiter dem Vorgesetzten ein Problem schildert, muss dieser überlegen, worum es ihm geht: Ist es ein fachliches Problem oder ein persönliches? Will er einen Rat, braucht er nur einen Zuhörer oder erwartet er, dass die Führungskraft aktiv wird? Welche Konsequenzen löst eine Entscheidung oder ein Verhalten aus? Wird ein kleines Problem mit einem Mitarbeiter gelöst und werden dabei drei weitere in der Zukunft mit anderen Mitarbeitern erzeugt?

Eine Überbewertung des aktuellen Motivs bei der Suche nach Problemlösungen findet sich nicht nur in alltäglichen Situationen, sondern wird unbewusst systematisch erzeugt, zum Beispiel bei der Konstruktion und Durchführung von Zielvereinbarungs- und Prämiensystemen. Die meisten großen Unternehmen haben heute solche Systeme und sie bauen in der Regel auf dem Prinzip der Wirkungs*kette* auf, während die Komplexität, das Wirkungs*netz* zu wenig berücksichtigt wird. Die Mittel werden nach der Relevanz zur Lösung der gestellten Aufgabe bewertet und nicht hinsichtlich ihrer sonstigen Effekte (DÖRNER 1991, S. 74). Damit besteht die Gefahr, symptomatische Lösungen zu produzieren, die auf längere Sicht immer weiter in das Netz ungelöster Probleme führen (Senge 1999, S. 134 f.).

Übersichtskompetenz wird gespeist von der Fähigkeit zur Analyse, der Kenntnis des Details, gleichzeitig aber von Erfahrung und Intuition. Vielleicht vergleichbar mit einem Fotoapparat, der auf nah und fern gestellt werden kann. Trotzdem gilt es, den richtigen Blickwinkel und Standpunkt zu finden. Das Übersichtsdenken wirkt in Ergänzung zum analytischen Denken integrierend, es führt auf einer höheren Ebene wieder zusammen.

Interessant ist in diesem Zusammenhang, dass es offensichtlich auch einen kulturellen Unterschied gibt: Während Amerikaner und Europäer eher analytisch an Sachverhalte herangehen, denken Asiaten eher in Zusammenhängen, integrativ. Dem westlichen Denken angehörige Menschen wählen beispielsweise von den drei Begriffen Huhn, Kuh, Gras eher Huhn und Kuh als zusammengehörendes Wertepaar (beide Tiere), während östlich geprägte Menschen eher Kuh und Gras wählen (Kuh frisst Gras). Westler neigen dazu, die Welt als eine Ansammlung einzelner Objekte zu sehen und sie abstrakt zu kategorisieren, während Asiaten mehr auf die Beziehungen der Dinge und Lebewesen achten (Nisbett, 2004).

6.3 Strategisches Denken

Eine Strategie ist ein klares Bild von dem, was man erreichen will.

John Naisbitt, amerikanischer Prognostiker

Das strategische Denken ist nicht vornehmlich auf den Überblick ausgerichtet, sondern hat eine vorausblickende Dimension: den Weitblick.

Der Begriff „Strategie“ hat seinen Ursprung ebenfalls im Griechischen und bezeichnet die Fähigkeit, ein Heer zu führen. ARBINGER (1997, S. 26) bezeichnet strategisches Wissen als die Kompetenz, neues Wissen zu erzeugen, vorhandenes Wissen zu verändern oder neu zu strukturieren, wenn eine Situation nicht vollständig unter Rückgriff auf das spezifische Wissen bewältigt werden kann. Strategisches Denken hat also immer eine Komponente, die nicht durch logisches Ableiten von Fakten definiert werden kann, sondern durch Vorstellung und Perspektive. Eine perspektivische Betrachtung bedeutet, Zeit und Raum einzubeziehen, sich nicht auf die Gegenwart festlegen zu lassen, einen Wechsel des Blickwinkels vornehmen zu können (ERNST 2003b, S. 110). Man kann sie auch als Fähigkeit zur Ziel- und Handlungsplanung verstehen (WARNECKE 2004, S. 3).

Der Stratege ist nicht in erster Linie an Details interessiert, er wird sich einen Überblick verschaffen und dann ein plausibles Szenario entwickeln, wie es wohl in Zukunft sein wird. Kein Stratege kann alles voraussehen, er muss auch nicht immer recht haben. Wichtig ist, dass es ihm leicht fällt, in die Zukunft zu projizieren, sich etwas vorzustellen, was heute noch nicht ist. Es ist die kreative, konzeptionelle Komponente, die strategische Denkfähigkeit ausmacht, auch wenn häufig die Analyse vorausgeht. Strategisches Denken erfordert, für Neues offen zu sein, es aufzunehmen und in das Denksystem zu integrieren. Wirtschaftlicher Erfolg hängt nicht nur vom Produkt und dem Unternehmen ab, sondern von der Politik, der Gesellschaft, vielleicht von der Geschichte, und sicherlich von den handelnden Menschen. Ein breiter Blick begünstigt den Weitblick!

6.4 Kreativität und Intuition

Der Verstand kann Fragen beantworten, aber die Vorstellungskraft muss sie stellen.

Ralph W. Gerard

Während die Analytiker auf der Logik aufbauen, erklären die kreativen Menschen die Welt über Analogien, nutzen eher assoziatives oder osmotisches Denken (Ernst 2003b, S. 108f.). Daniel Kahneman, der Nobelpreisträger für Wirtschaftswissenschaften im Jahr 2002, ist der Ansicht, dass das intuitive Denken im Gegensatz zum logischen Denken wahrnehmungsähnlich, schnell und mühelos funktioniert. Kreative prüfen das, was sie erleben, ununterbrochen mit dem, was sie wissen und was sie beschäftigt. Sie denken in Bezügen: Könnte das, was ich sehe, irgendeine Bedeutung bekommen in dem Kontext, in dem ich lebe und arbeite? Intuition wird schnell als Bauchgefühl deklariert, es sei nicht erklärbar und trainierbar. Das erzeugt oft auch Misstrauen.

Intuition ist direkt zugängliches Wissen. Sämtliche Fertigkeiten mit Routinecharakter, etwa Autofahren oder ein Instrument spielen, laufen unterhalb des Bewusstseins ab und halten den Kopf frei. Sie erscheinen unmerklich leicht und selbstverständlich, dennoch sind es hochkomplexe Vorgänge, wie die Gehirnforschung nachweist. Ein Gesicht, das fünf Jahre nicht gesehen worden ist, wird sofort wieder erkannt, obwohl der Name der Person eventuell nie bekannt war. Erfahrungen und Assoziationen sind damit verbunden.

Gute Potenzialdiagnostik ist zu einem wesentlichen Anteil „geschulte Intuition“. Im Gegensatz zum bewussten, analysierenden Denken ist intuitives Denken komplex, integrativ, ganzheitlich, gefühlsbezogen und assoziativ. Sicher steckt in jedem Erwachsenen ein Teil dieser freien Kreativität. Menschen lernen ständig, beiläufig und unterschwellig, oft unbewusst. Man weiß daher nicht, was man alles weiß und dass man es weiß. Ein gutes Beispiel sind Ratesendungen wie: „Wer wird Millionär?“ Oft wird das richtige Ergebnis assoziativ über Ausschluss hergeleitet, obwohl der Kandidat die Antwort nicht bewusst weiß.

Dennoch: Ein Musikstück kann nicht komponiert werden, wenn Noten nicht gelernt wurden oder kein Instrument beherrscht wird. Neue Malstile entwickeln sich aus bekannten. Picasso beherrschte alle Techniken. Analoges Denken funktioniert nicht in einem Wissensvakuum. Die Intuition bedient sich der Summe der eigenen Erfahrungen, weshalb in Gebieten, in denen jemand Experte ist, besonders gute Lösungen erreicht werden können.

Wenn Menschen hochspezialisiert arbeiten und keine Möglichkeit bekommen, andersartige Erfahrungen zu machen, wirkt allein die Organisation eines Unternehmens limitierend auf die Kreativität. Problemlösungen unter Ausschluss der Intuition führen meist nur zu „gut artikulierter Inkompetenz“, wie es der amerikanische Managementforscher Henry Mintzberg formuliert (Ernst 2003b, S. 109). Andererseits hilft es jungen Menschen zu Beginn ihrer beruflichen Laufbahn nicht unbedingt, eine sehr breite Aufgabe zu erfüllen, da dies die Gefahr mit sich bringt, dass kein Wissensfundus aufgebaut wird. Kreativität ist kein Spaß- oder Lustergebnis, sondern oft Ergebnis von sehr konzentrierter Anstrengung, Ausdauer, einer selbstvergessenen Hingabe an die Sache, Besessenheit und setzt ein hohes Maß an Frustrationstoleranz voraus. Es braucht dazu Flexibilität, Neugier, Authentizität und Selbstsicherheit. Einstein sagt: „Neugier, Besessenheit und sture Ausdauer, verbunden mit Selbstkritik haben mich zu meinen Gedanken gebracht.“

Bei allen Fähigkeiten handelt es sich um Denkdisziplinen, die einerseits in unterschiedliche Richtungen zielen, andererseits nicht isoliert dastehen. Analytisches und kreatives Denken verstärken ihre Wirkungsmöglichkeit, wenn über ein Mindestmaß der jeweils anderen Denkfähigkeit verfügt wird. Es sind quasi Brüder-Schwester-Tugenden, welches sich an einem Wertequadrat verdeutlichen lässt (WARNEKE 2004, S. 7). Dem Modell liegt die Annahme zugrunde, dass sich ein Wert ohne einen adäquaten Gegenwert zu einem Unwert verändert (HALEY 1967, SCHULZ VON THUN 2003).

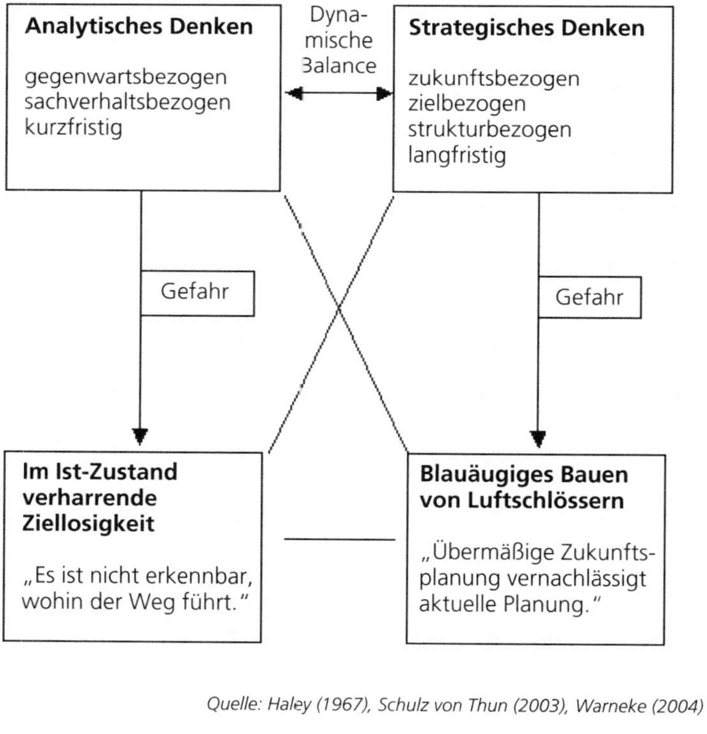

Abb. 7: Wertequadrat

6.5 Woran sind kognitive Fähigkeiten zu erkennen?

Bei allen Hinweisen zum Identifizieren des Potenzials einer Person soll der Beobachtungsfokus geschärft werden. Es sollten immer mehrere Hinweise zu einer Beurteilung führen, es kann auch nicht vom Vorliegen eines Hinweises zwangsläufig auf das Vorhandensein einer Fähigkeit geschlossen werden. Manchmal wird auch vor einer Überbewertung bestimmter Verfahren gewarnt.

6.5.1 Das Gespräch selbst

Hinweise auf kognitive Fähigkeiten lassen sich gut aus dem Gespräch selbst ableiten. Kommunikation ist bekanntermaßen ein kognitiver Vorgang, in dem deutlich werden kann, wie jemand in der Lage ist, ein Thema oder einen Gedanken zu zerlegen, sich einen Überblick zu verschaffen, einzuschätzen, was und wie es sein kann und in Bildern und Analogien denken kann. Voraussetzung ist, wie oben beschrieben, dass ausreichend hohe kognitive Fähigkeiten beim Beurteiler vorliegen müssen! Zu überprüfen ist dabei stets, wie viel Vorwissen für die gestellten Fragen nötig ist, und inwieweit Antworten bereits vorbereitet sein könnten. Wissen kann Intelligenz schlagen! Dies ist am Beispiel Schach untersucht worden: Geübte Spieler hatten gegenüber ungeübten, aber intelligenteren Spielern Vorteile. Lediglich bei gleicher Wissensgrundlage hatten die Intelligenteren einen Vorteil (STERN 2003).

Häufige Wiederholungen sind ebenfalls Hinweise, allerdings in negativer Hinsicht. Es gibt Menschen, die ständig „das Gesagte wiederholen, sie reden immer wieder vom Gleichen“

(Papageieneffekt). Dahinter fehlt oft ein Gedanke, das Denken in Zusammenhängen, das entwickelnde Denken. Auch gibt es Menschen, die in jedem Satz Füllwörter oder Füllsätze einbauen: „Ich sach mal“, oder „sozusagen“. Auch hier sollte genauer geprüft werden, ob sich diese Unschärfe auch in der inhaltlichen Aussage wiederfindet oder ein Ausdruck von extravertiertem Verhalten ist.

6.5.2 Schulnoten

Kognitives Vermögen wird allgemein aus der Schulbildung, bzw. dem Schulabschluss hergeleitet. Dabei gelten die Hypothesen, je höher der Schulabschluss, desto qualifizierter, und je besser die Abschlussnote im Abitur, desto intelligenter ist der Bewerber. Von dieser Annahme gehen Internetanbieter aus, die High-Potential-Pools offerieren.

Auch bei der Auswahl von Abiturienten für erstklassige Hochschulen sind Abschlussnoten wesentlich, der Numerus Clausus ist ein Nachweis dafür. Doch letztlich muss man nach aktuellem Stand eingestehen, dass der Schluss von Noten auf Persönlichkeitseigenschaften problematisch ist, für die Managementdiagnostik ist er praktisch bedeutungslos (Althoff 1986, Hollmann, Reitzig 1995).

Kinder neigen dazu, konkret zu denken. In der Schule wird viel Zeit damit verbracht, sie zu abstraktem Denken zu ermutigen (Taylor 1985, S. 380). Der legendäre frühere Schachweltmeister Bobby Fischer gewann als Vierzehnjähriger bereits die U.S. Open Championship. Ungeachtet eines selten hohen Intelligenzquotienten von angeblich 184 war er ein schlechter Schüler und ging mit fünfzehn ohne Abschluss von der High School. Einstein hat spät Sprechen gelernt, Picasso konnte das Alphabet nicht lernen, C. G. Jung war in

Mathematik schwach, Emile Zola hatte in Literatur schlechte Zensuren, Tolstoi, Darwin, Mendel waren durchschnittliche Schüler (Taylor 1985, S. 368).

Gute Noten kommen auf vielerlei Wegen zustande, schlechte im Übrigen auch. Es kann Fleiß und Disziplin sein, der Lehrer, die Eltern können Einfluss haben, der Reifegrad, der Typ, sonstige Interessen und Hobbys etc. Nur bei wenigen Schülern sind die Noten über die gesamte Schulzeit konstant. Insbesondere Schulnoten sind oft stärker Ausdruck von Motivation denn von kognitiven Fähigkeiten.

Ganze Reihen von Ministern, Unternehmern, Vorständen, Führungskräften arbeiten erfolgreich in exponierten Positionen und hatten Probleme in der Schule. Gerade in Deutschland hängt die Frage, welche Schulausbildung jemand genossen hat, besonders stark vom Status der Eltern, der Familie ab, wie die PISA-Studie (Baumer 2001, S. 501f.) eindrücklich nachweist. Hinzu kommt bis heute ein erheblicher Unterschied im Anforderungsniveau in den einzelnen Bundesländern.

Sicher kann man sagen, dass es für sehr gute Abschlüsse Gründe in der Kombination von Talenten einer Person geben muss. Bei schlechten Schulnoten ist zumindest zu hinterfragen, ob sie damals in der Reifeentwicklung schon so weit waren. Vielleicht waren die Ablenkungen noch zu stark. Dann allerdings sollte geklärt werden, wie die Entwicklung im weiteren Werdegang zu bewerten ist.

Deutlichere Hinweise gibt eine differenzierte Betrachtung von Noten. Aus den PISA-Studien lässt sich herleiten, dass beispielsweise Mathematik und die Lesekompetenz stark korrelieren mit kognitivem Vermögen. Sehr gute Mathematiknoten deuten auf vorhandene analytische Fähigkeiten hin und gute Deutschnoten auf übergreifendes verbales Verständnis, Indiz für Fähigkeit zur Übersicht.

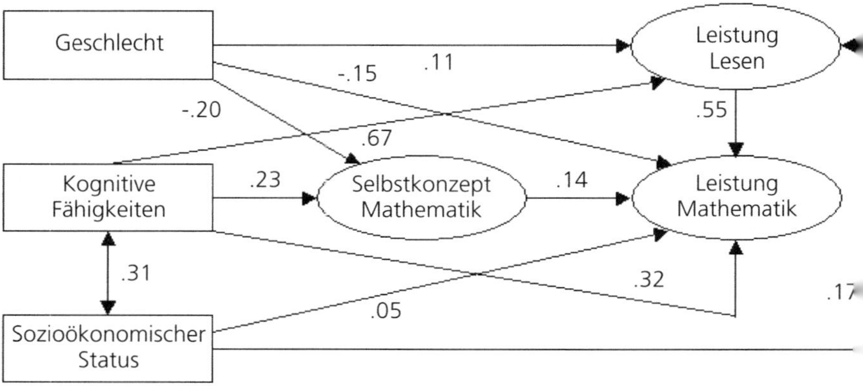

Abb. 8: Pfadmodell zur Erklärung der mathematischen Leistung

Insgesamt empfiehlt es sich, die Relevanz von Noten im Personalauswahlprozess zu relativieren. Sie sollten nicht mehr als eine Art Filterfunktion im Vorauswahlprozess haben.

6.5.3 *Lesen*

Der Nachteil der Intelligenz besteht darin, dass man pausenlos dazulernen muss.

George Bernard Shaw

Eine Vielzahl von Informationen, die wir im täglichen Leben aufnehmen und verarbeiten, basiert auf Geschriebenem. Lesen ist ein effektives Werkzeug für die Aneignung, Organisation und Anwendung von Wissen. Intelligente Menschen verfügen über ein größeres Allgemeinwissen (GALLWITZ 1982). Die Bedeutung des Lesens ist heute wichtiger denn je, grundlegend in viel mehr Berufen als in früherer Zeit. Lebenslanges Lernen wird zur Überlebensvoraussetzung. Die Hinweise, die

PISA gibt, wurden bei den Schulnoten bereits erwähnt. Der Befund bei Schülern ist deutlich: Schüler mit ausgeprägter Lesekompetenz verfügen über ein hohes Maß an kognitiver Grundfähigkeit, Decodierfähigkeit (Erfassen von korrekter Bedeutung von Sätzen), breites Wissen über Lernstrategien und haben Interesse am Lesen.

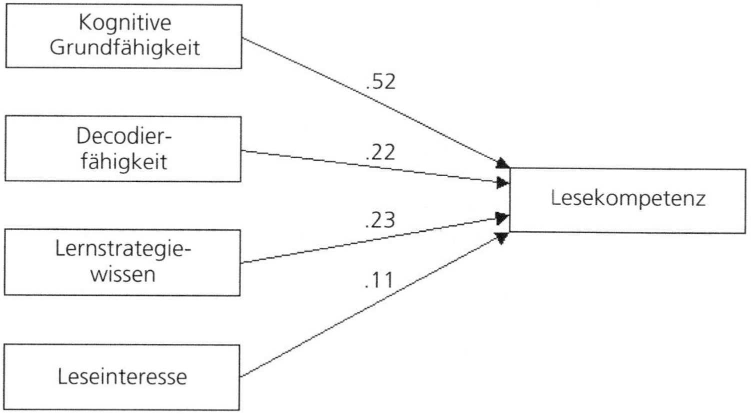

Quelle: Deutsches PISA-Konsortium (2001)

Abb. 9: Modell zur Vorhersage der Lesekompetenz im internationalen Lesetest

Wer regelmäßig liest, nimmt durch die Lektüre viel auf und nutzt gleichzeitig auch andere Medien kompetent. Wenig- oder Nichtleser hingegen weisen auch bei der Nutzung anderer Medien Verstehensdefizite auf (BAUMERT 2001). Freude am Lesen wiederum ist kein Indikator für kognitive Grundfähigkeiten. Auch hier gibt die PISA-Studie Aufschluss (BAUMERT 2001). Der prozentuale Anteil von Schülern, die nicht zum Vergnügen lesen, bzw. mindestens eine Stunde zum Vergnügen lesen, ist im Vergleich Japan und Deutschland wie folgt: 55 Prozent der japanischen Schüler haben kein Vergnügen am Lesen. Sie sind damit weltweit Spitzenreiter. Auch die deutschen Schüler lesen ungern, vierter Platz mit 43 Prozent. In der Lesekompetenz hingegen sind die japanischen Schüler im oberen Drittel auf dem achten Platz, die deutschen Schüler im unteren Drittel auf Platz 22. Umgekehrt lesen 30 Prozent der Kinder in Russland mit Vergnügen eine Stunde am Tag, liegen in der Lesekompetenz aber an fünftletzter Stelle.

Es geht nicht darum, im Urlaub am Strand Berge von Büchern zu verschlingen, sondern das Lesen mehr oder weniger systematisch in die Lebensentwicklung einzubauen. Wie verschafft sich eine Person Wissen aus dem Übermaß an Information? Menschen, die viel und anspruchsvolle Literatur lesen, üben sich in Kopffähigkeiten. Das Lesen von Fachbüchern ist oft Ausdruck von Wissensneugier, verstärkt Wissensbereiche und nachfolgend oft Könnensbereiche. Das Lesen von Romanen animiert zumindest das Vorstellungsvermögen. Welche aktuellen Bücher liest der Gesprächspartner, was sind seine Lieblingsbücher, welche Erkenntnisse hat er gewonnen? Wie nutzt er die Medien?

6.5.4 Intensive kognitive Freizeitbeschäftigungen

Ähnlich wie ein Muskel Trainingsreize braucht, um leistungsfähig zu bleiben, braucht auch der Kopf Anstrengung und Training. Untätigkeit vermindert die Fähigkeiten. Selbst ein Urlaub ohne geistige Anforderung führt schon zu einem vorübergehenden Abfall des nutzbaren Intellekts! Bei älteren Menschen ist nachgewiesen worden, dass sich durch Training die Denkleistung nicht nur erhält, sondern auch im Alter noch steigern lässt (Bortz 1993, S. 235). Auch bei der Entwicklung von Kopffähigkeiten gilt, dass sie in einer bestimmten Intensität durchgeführt werden müssen, damit sie eine Wirkung erzeugen. Musik nur in der Musikstunde reicht da sicher nicht und das Schachspiel mit den Eltern im Urlaub auch nicht.

Intensive musikalische Betätigung hält nicht nur im Alter geistig wach, wie Beispiele von Horowitz, Rubinstein und vielen Dirigenten und Musikern zeigen; sie fördert nachweislich die Entwicklung von Gehirnstrukturen. Diese Erkenntnisse kommen nicht von Psychologen, sondern von Naturwissenschaftlern. Bei musizierenden Menschen sind die rechte, gefühlsbetonte Hemisphäre und die linke, für Sprache und Intellekt zuständige Hirnhälfte stärker miteinander verknüpft, wie der Wiener Neurophysiologe Hellmuth Petsche durch EEG-Messungen herausgefunden hat.

Eine Studie aus Hongkong zeigt: Erwachsene, die als Kind ein Musikinstrument erlernt hatten, konnten sich besonders gut an Gesprochenes erinnern. Musizieren lässt eine Region in der linken Hirnhälfte heranwachsen, die auch für die Verarbeitung von Wörtern zuständig ist. Abstraktionsvermögen und analytisches Denken sind bei Kindern durch Musik eindeutig verbessert worden. Musik fördert die Intelligenz von Kindern um ein vielfaches besser als EDV-Unterricht (Rauscher 1997). Dass es auch kritische Quellen dazu gibt, soll nicht verleugnet werden (Spychiger 2001).

Vom ehemaligen Bundeskanzler Helmut Schmidt und seiner Frau Loki wird berichtet, dass sie seit vielen Jahren jeden Tag mindestens eine Partie Schach spielen. Der Zusammenhang zwischen kognitiven Fähigkeiten und dem Schachspiel ist noch wenig erforscht. Der einen Meinung, dass Schach zu speziell sei und sich die verbesserten kognitiven Fähigkeiten nicht auf andere Lebensbereiche übertragen ließen, steht eine andere Meinung entgegen, die von einem entsprechenden Zusammenhang ausgeht.

Die vorliegenden Studien zeigen, dass eine Aufmerksamkeit für diesen Zusammenhang lohnt (Warneke 2004, S. 28f.). Die Untersuchungen beziehen sich häufig auf Schüler und bestätigen Verbesserungen von Rechenfertigkeiten und Sprachlogik (z. T. bis zur doppelten Leistungssteigerung), auch von

Problemlösefähigkeiten, des allgemeinen Verständnisses. In einer Schule in Ströbeck in der Nähe von Leipzig wird seit vielen Jahren Schach als Schulfach gelehrt und benotet. Es zeigen sich im Vergleich zu anderen Schulen dabei extrem hohe Korrelationen zwischen Schach und Mathematiknote (KAUKE 2003). Schach steht hier stellvertretend für viele strategische Spiele, die zum Nachdenken anregen.

In den letzten Jahren gibt es verstärkt Bücher zum Gehirntraining auf dem Markt. Viele Menschen kaufen solche Bücher sicher nach einem ähnlichen Prinzip wie beim Eintritt in den Fitnessclub. Mit dem Zahlen des Beitrags wird die gute Absicht deutlich. Dennoch, wem es leicht fällt, sich damit zu beschäftigen, der gibt einen Hinweis auf mögliches kognitives Potenzial. Wem es leicht fällt, sich mit technischen Sachverhalten und Problemen auseinander zu setzen, analysiert zunächst, zerlegt das Problem, geht ins Detail, bevor er wieder das Große und Ganze schafft. Wer gerne an Problemen knobelt, Ursachen erkennen will oder Wirkungsweisen verstehen will, trainiert seine kognitiven Fähigkeiten.

6.5.5 Herangehen an Sachverhalte

Wenn man Menschen befragt oder beobachtet, wie sie an Probleme oder sonstige Sachverhalte herangehen, ergeben sich häufig Hinweise darauf, welche Art und Weise von Problemlösung ein Mensch bevorzugt, was typisch ist für ihn.

Der Börsenspieler kann ganz unterschiedliche Strategien haben, sich eine Überzeugung zu verschaffen, welches Potenzial eine Aktie wohl haben wird. Der Analytiker leitet seine Entscheidungen sicher aus Chartanalysen ab; kommt die Fähigkeit zur Übersicht dazu, prüft er vergleichbare Werte, prüft vielleicht sogar andere Anlageformen, wählt sicher nicht die spekulativste. Der Stratege beobachtet aufmerksam, was sich in der Welt tut, setzt vielleicht auf die Wachstumschancen einer Branche oder eines Produkts. Der Kreative lässt sich inspirieren und wählt vielleicht eher außergewöhnliche Werte, riskiert etwas. Ihn interessiert möglicherweise nicht die beste Anlageform, es ist eher ein Spiel für ihn. Wenn Schlussfolgerungen klar hergeleitet erscheinen oder ein überraschender Ansatz gewählt wird, wenn viele unterschiedliche Aspekte berücksichtigt werden, ist sicher der Rückschluss auf gute kognitive Fähigkeiten zulässig.

Es gibt viele andere Beispiele, anhand derer man herausarbeiten kann, auf welche Art und Weise Menschen ihre alltäglichen Aufgaben angehen: Urlaub, Organisation des Alltags, Bau oder Kauf eines Hauses, einer Wohnung, die Struktur eines Tages.

6.5.6 Intelligenztests

Diese Testverfahren werden in Kapitel IV im Zusammenhang mit anderen Beurteilungsinstrumenten ausführlich behandelt. Verfahren zur Messung der allgemeinen mentalen Fähigkeiten haben schon eine lange Geschichte und sind insgesamt gut erforscht. Intelligenztests verstärken den Prüfungscharakter. Es ist nicht klar, ob damit auch kognitive Fähigkeiten, die im Management eine große Rolle spielen, genügend sicher erfasst werden.

6.5.7 Computersimulationen

Hier werden Versuchspersonen mit einer komplexen, häufig betriebswirtschaftlich ausgerichteten Problematik konfrontiert. Damit können Fähigkeiten der zweckmäßigen Auswahl und Verknüpfung von Informationen, die Lernfähigkeit und Bewertungsfähigkeit, das Problemlösungsverhalten erkannt werden. Zu klären ist bei einem Einsatz eines solchen Verfahrens in erster Linie, was bei den Teilnehmern an Vorwissen vorliegt. Bei kurzen Simulationen gibt es häufig aus Zeitgründen kaum die Möglichkeit, sich genügend intensiv mit den Wirkungsweisen zu beschäftigen. Computersimulationen sind in ein Bewerbergespräch nur sehr schwer integrierbar. Doch für die interne Potenzialerkennung kann ein solches Instrument durchaus interessant sein (auch dazu ausführlicher im Kapitel IV).

6.5.8 Fallbeispiele

Fallstudien bilden komplexe Situationen ab, anhand derer die Herangehensweise an das entsprechende Problem und die Entwicklung von Lösungsansätzen sichtbar werden soll. Beispiel: Sie sind Vorstandsmitglied eines Unternehmens, welches Schulkreide produziert. Setzen Sie sich mit dem Vorschlag auseinander, dass Ihr Unternehmen in Zukunft Kreide produzieren soll, um Fußballplätze zu weißen. Bitte berechnen Sie, wie viel Kreide jährlich auf deutschen Fußballplätzen verbraucht wird. Oder: Sie treffen einen alten Freund in der Kneipe, der zur Zeit als Taxifahrer für den Betrag x arbeitet. Er hat das Angebot, eine Tankstelle für den Betrag y zu pachten und fragt Sie um Rat, ob sich dies wirtschaftlich lohne. Können Sie ihm helfen?

Häufig werden auch Fragestellungen aus der Naturwissenschaft herangezogen (Warneke 2004, S. 13). Wahrscheinlich würden Journalisten, Schriftsteller oder Literaturkritiker bei all diesen Fragestellungen Probleme bekommen, obwohl sie Kopfarbeiter sind und bei der Romanlektüre beispielsweise sowohl analytisch vorgehen als auch Zusammenhänge erarbeiten. Zwischen dem Lösen eines einzigen Fallbeispiels und kognitiven Fähigkeiten und Talenten besteht also nicht ohne weiteres ein Zusammenhang. Wenn Fallbeispiele Fachwissen voraussetzen, bleibt unklar, ob auch hier Wissen Intelligenz schlägt. In einem Gespräch oder Auswahlprozess Fallbeispiele einzufügen bedeutet, einen schwierigen Methodenwechsel vorzunehmen: Fallbeispiele verwandeln ein Gespräch oft unmittelbar in eine Prüfung. Dann erhält man eher Hinweise auf motivationale Aspekte, denn auf Denkfähigkeit.

Wenn man Fallbeispiele einsetzen möchte, sollte man sie eher spielerisch nutzen. Sie dienen der allgemeinen Beobachtung und weniger der spezifischen Erkenntnis des kognitiven Potenzials einer Person. Wenn in einer Fallstudie gute Denkleistungen sichtbar werden, so ist dies ein Indiz, nicht mehr. Wenn jemand die Erwartungen nicht erfüllt, sollte man mit der Beurteilung von Potenzial sehr vorsichtig sein. Sie sind umso wertvoller, desto dynamischer und entwicklungsorientierter sie sind. Die wichtigste Form der Intelligenz ist das Lernen (Klaus 1969, S. 282).

6.5.9 *Humor*

Der Witz ist schöpferisch – er macht Ähnlichkeiten.

Novalis

Menschen mit Humor werden geschätzt, weil sie Leichtigkeit im Zwischenmenschlichen erzeugen. Oft werden sie auch ein wenig bewundert für ihre „Geistesblitze". Tatsächlich braucht guter, anspruchsvoller Humor eine gute kognitive Ausstattung. Menschen, die Humor haben, nehmen Situationen oft bis ins kleinste Detail auf, ohne die Gesamtsituation aus den Augen zu verlieren. Sie erzeugen Humor, indem sie Analogien bilden, Rahmen verändern oder Details in einen anderen Rahmen übertragen. Das ist eine Denkleistung und ein besonderes Denktraining. Ironie, insbesondere Selbstironie, ist das intelligente Spiel mit der Mehrdeutigkeit (Ernst 2003b, S. 111, Schmid 2002). Auch worüber jemand lacht, kann aufschlussreich sein.

6.6 Ergänzendes zur internen Potenzialerkennung

Natürlich lassen sich viele angesprochene Aspekte auch in der internen Potenzialerkennung nutzen. Im Grunde gilt es, Möglichkeiten zu schaffen, bei denen ein Mitarbeiter sein Denkvermögen zeigen kann bzw. es beobachtet werden kann. Die Art und Weise des Herangehens lässt sich in der Arbeit oder in Projekten insgesamt beobachten, wie und ob jemand über das, was er tut, reflektiert. Greift jemand nur einzelne Details aus einem Sachverhalt heraus, stellt sich die Frage, ob er das übergeordnete Problem erfasst. Wie schlussfolgert er, denkt er in Alternativen, übersieht er wichtige Fragen, fällt ihm etwas ein?

Leider sind in Unternehmen wirklich kognitiv herausfordernde Fragen und Projekte einigen wenigen vorbehalten. In sehr vielen Funktionen wird das kognitive Potenzial nicht abgerufen. Wenn auf diese Positionen höher gebildete Mitarbeiter gesetzt werden, bleibt diesen oft Langeweile. In der Folge werden vermeintliche kognitive Leistungen stark überbewertet. Wenn jemand in einer gewissen Methodik vorgeht, einen Vortrag gliedert, clustert, können das natürlich Hinweise auf Kopffähigkeiten sein. Es ist dennoch empfehlenswert, dabei kritisch zu bleiben. Oft sind es angelernte Mechanismen. Auch Teamarbeit trägt zu einer Verschleierung kognitiver Leistungen bei. In vielen Fällen lässt sich nicht klar rekonstruieren, wer tatsächlich die Denkleistung erbracht hat. Ähnliches gilt für Hierarchien, in denen wenige die Möglichkeit haben, ihre Denkleistungen nach oben zu präsentieren. Wenn man einen Eindruck über das kognitive Vermögen einer Person gewinnen will, muss man fordern, Grenzen berühren und die Vorgänge beobachten. Das kann ein völlig neues Thema sein, mit dem sich bislang niemand beschäftigt hat. Da kann ein Mensch geistige Fußspuren hinterlassen! Aufschlussreich ist auch zu beobachten, was eine Person an vermitteltem Wissen und an Neuem integriert bzw. nutzt. „Wenn wir etwas Neues lernen, müssen wir angestrengt und konzentriert bei der Sache sein, um alte Wahrnehmungs-, Kognitions- und Verhaltensmuster durch neue zu ersetzen", formuliert der amerikanische Neuropsychologe Karl Pribram (Ernst 2003b, S. 70).

7 Bauchkriterien – Motivationale Fähigkeiten – Die überragende Bedeutung hoher Eigenmotivation

7.1 Erzeugen von Spitzenleistung

Die Leistung glänzend begabter Männer ist oft überraschend gering; sie machen sich nicht klar, dass glänzende Erkenntnisse nicht gleichbedeutend mit vollbrachten Leistungen sind.

Peter F. Drucker

Ich habe in meinem Leben mehr Talente gesehen, die es nicht geschafft haben, als Talente, die es geschafft haben.

Uli Stielike, ehemaliger Fußballprofi und DFB-Trainer

Die motivationalen Anlagen einer Person kann man ohne Übertreibung als absolut grundlegend und erfolgsdefinierend ansehen. Manch intelligenter Mensch bringt es nicht zu sehr viel im Leben und manch schlichter Mensch wird reich. Man schüttelt den Kopf darüber, ist doch schwaches kognitives Vermögen mancher Prominenter augenfällig bei jedem Auftritt. Was alle Erfolgreichen vereint, ob in den Medien oder fast hinter verschlossenen Türen wie bei Wissenschaftlern oder Schriftstellern, ist ein starker eigener Antrieb. Erfolg ist in jedem Fall gekoppelt mit der inneren Bereitschaft, zu leisten und danach zu handeln. Es ist die Energiequelle zur Selbstentwicklung, zum Entfalten der Talente in einem Menschen. Hohe Eigenmotivation und eine Portion Extraversion fördern Karrieren, selbst bei Defiziten an anderer Stelle.

Bereits 1938 hatte Henry Murray erkannt, dass das Bedürfnis zu leisten, unterschiedlich ausgeprägt ist (Murray 1938). Menschen haben einen unterschiedlich hohen Grad an

Eigenmotivation, der im Lebensablauf relativ stabil bleibt. Eigenmotivation lässt sich nicht antrainieren. Die vielen Versuche von Motivationstrainern, alle mit maximal kurzfristigem Erfolg, mögen dafür ein Hinweis sein. Wohl aber können Umstände Demotivation hervorrufen. Gallup fand heraus, dass Mitarbeiter nicht Unternehmen, sondern Führungskräfte verlassen. Und diese Erkenntnis ist nicht neu (SPRENGER 2000). Gallup fand auch heraus, dass der Anteil der nicht engagierten Mitarbeiter in den USA erschreckend hoch ist: Rund 55 Prozent sind nicht engagiert, weitere 19 Prozent sind aktiv desengagiert. Das heißt, dass diese Mitarbeiter nicht nur wenig Einsatz zeigen, sondern diese Gefühle auch aktiv an ihre Kollegen weitergeben. Je länger ein Beschäftigter in einem Unternehmen tätig ist, desto mehr nimmt sein Engagement ab. Nach sechs Monaten sind nur noch 38 Prozent der Beschäftigten engagiert, nach drei Jahren noch 22 Prozent (BUCKINGHAM 2001, SCHWARTZ/LOEHR 2003, S. 12). Alarmierende Gründe, sich mit dem Grad an Eigenmotivation von Menschen und damit der Antriebskraft im Unternehmen auseinanderzusetzen.

7.2 Verkraften von Misserfolgen

Die verschleißende Wirkung der Arbeit kommt hauptsächlich von der Enttäuschung über unsere Misserfolge.

Hans Selye, Stressforscher

Eigenmotivation braucht man für das Erzeugen jeglicher Art von Leistung und vielleicht noch existentieller, um den Wirren des Lebens widerstehen zu können. Das Leben scheint geradezu darauf angelegt zu sein, Schwierigkeiten heraufzubeschwören. Unfall, Krankheit, Verlust des Arbeitsplatzes, private Trennungen fordern nahezu jeden Menschen. Ganz selten gibt es die Durchführung eines idealen Lebensplans. Es scheint, als ob der Mensch „mehr durch seine unplanbaren Ereignisse als durch seine Ziele bestimmt ist" (MARQUARD 2000). Wie soll das ohne starken und dauerhaften Lebenswillen funktionieren, ohne Grund, an sich zu glauben? Bei Katastrophen und Schicksalsschlägen wachsen Menschen oft über sich hinaus und verarbeiten diese mit unglaublicher Energie. In der Psychologie wird das Phänomen unter dem Stichwort „Resilienz" erforscht. Viele Menschen veredeln ihr Leben auch durch „Ertragen".

Enttäuschungen werden aber auch schleichend produziert: indem *nicht* passiert, was passieren sollte. Nicht-Ereignisse sind Enttäuschungen, nicht erfüllte Erwartungen und geplatzte Lebensträume. „Das Nicht-Ereignis ist oft kein Drama, sondern eine stille Tragödie!" (ERNST 2003b, S. 211f.)

Gerade unter den heutigen Arbeitsmarktbedingungen sind Nicht-Ereignisse programmiert. Es ist die Ausweglosigkeit, den ungeliebten Arbeitsplatz zu verlassen oder einen zu finden, die nicht erfolgte Beförderung, die fehlende Aufmerksamkeit eines Vorgesetzten.

Einerseits werden Menschen gefordert zu kompensieren und improvisieren, andererseits hoffen viele vergeblich auf etwas, was nicht mehr eintreten wird. Selbst Experten wissen nicht, warum der Stress der Enttäuschung so viel mehr Krankheiten hervorruft als der Stress übermäßiger Muskelarbeit. Bei dauerhafter Frustration gewinnt die Fähigkeit, sich selbst zu steuern, existentiell an Bedeutung. Wenn die Perspektive fehlt und Menschen keinen Sinn mehr darin sehen, sich für oder gegen etwas einzusetzen, lassen sie die Ereignisse fatalistisch über sich hereinstürzen (ERNST 2003b, S. 211f.). Das lateinische Wort „finis" hat zwei Bedeutungen: Ende und Ziel! (FRANKL 2003, S. 115).

7.3 Allgemeine Lebensunsicherheit

Die Aufgabe, die wir uns stellen sollten, ist nicht, uns sicher zu fühlen, sondern in der Lage zu sein, Unsicherheit zu tolerieren.

Erich Fromm

Der Glaube an sich ist heute eine Kategorie von besonderer Bedeutung. Unsicherheit von Beziehungen, Entscheiden und Handeln unter hoher Prognose- und damit Zukunftsunsicherheit fordern ihn. Die Mehrzahl der Menschen reagiert auf Unsicherheit mit Angst. Auf der emotionalen Ebene muss gelernt werden, mit Unsicherheit, Ängsten und Intransparenz zu leben, auf der kognitiven mit Komplexität und Dynamik. Für viele Menschen gilt heute mehr denn je, den Boden unter den Füßen nicht zu verlieren. Das Ziel, stärker zu sein als die Umstände, denen ein Mensch ausgesetzt ist, erreichen viele nicht: aus Unsicherheit über die eigenen Fähigkeiten und Talente.

7.4 Die vier Charakteristika von Eigenmotivation

Das Geheimnis des Könnens liegt im Wollen.

Die grundlegenden Dimensionen leistungsmotivierten Verhaltens und Erlebens sind Hoffnung und Furcht. Je nachdem, welcher Aspekt vorherrscht, werden Erfolgsmotivierte und Misserfolgsmotivierte unterschieden. Menschen schreiben Ereignissen und Erfahrungen bestimmte Ursachen zu. Derartige Attributionsprozesse machen die Leistungsmotivation komplexer. Wie jemand die Ursachen von Erfolg oder Misserfolg interpretiert, beeinflusst das weitere Verhalten.

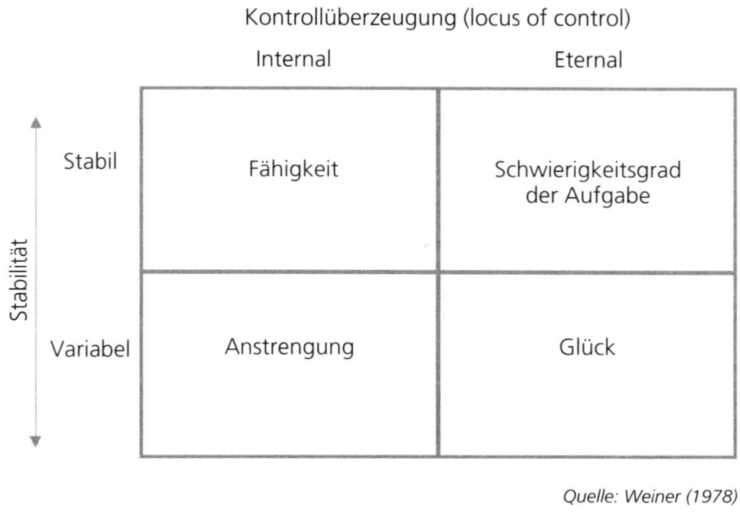

Abb. 10: Ursachenattributionen für Verhaltensresultate

Je nachdem, ob man als Ursache für Erfolg die eigenen Fähigkeiten, den Grad an Anstrengung, die Schwierigkeit der Aufgabe oder einfach Glück verantwortlich macht, führt das zu stärkerem Vertrauen in die eigenen Fähigkeiten, Entspannung, stärkerer Anstrengung, erhöhtem Selbstbewusstsein oder zu Dankbarkeit. Bei Misserfolgen kommen Gefühle von Inkompetenz, Schuld, Resignation oder Aggression auf (WEINER 1978).

Motivation ist letztlich gespeist von der Selbststeuerungskompetenz, von der Fähigkeit, sich und sein Leben im Griff zu haben. Der Glaube an sich als entscheidender Indikator für erlebbares Talent erhöht die Lebenszufriedenheit (PSCHERER 2004). Die grundlegenden Charakteristika von Motivation sind Aktivität, Richtung, Intensität und Ausdauer.

7.4.1 Aktivität

Ein tatenloses Leben ist ein unbedeutendes Leben.

Franz Schubert, Komponist

Motivation ist Handlungskompetenz. Motivierte Menschen handeln, sie sind initiativ und aktiv, sie sind in Bewegung und bewegen. Wenn Menschen aus der Durchschnittlichkeit herausragen wollen, gibt es nur einen Weg: Sie müssen ihre besonderen Talente erkennen und zur Wirkung bringen. Eine Hochbegabung verpufft wirkungslos, wenn nicht ein starker Lern- und Gestaltungswille die Begabung „befeuert". Aus Studien an Ingenieuren und Wissenschaftlern der industriellen Forschung ist bekannt, dass Selbstvertrauen und Leistungsmotivation zu den wichtigsten Determinanten des beruflichen Erfolgs gehören. Motivationale Faktoren werden umso bedeutender, je autonomer der Stelleninhaber über das Was und Wie seiner Aktivitäten entscheiden kann.

Leistungsmotivation kann jemanden ermutigen, an neuartigen, schlecht definierten Aufgaben zu arbeiten und seine Bemühungen trotz anfänglicher Rückschläge aufrechtzuerhalten. Mit welcher Disziplin arbeiten Spitzenleister in Sport und Musik an letzten Feinheiten, mit unendlichen Wiederholungen. Es gibt nichts Vergleichbares, was das Selbstvertrauen eines Menschen nachhaltiger stärkt, Kräfte und Talente freisetzt, als Erfolg. Erfolg produziert erlebbares Talent!

Wie unterschiedlich die Handlungsorientierung bei Menschen ausgeprägt ist, zeigt eine Reihe von Experimenten (KUHL 2000). In einem Experiment konnten Versuchspersonen in einer „Pause" zwischen zwei Versuchsabschnitten wählen, ob sie die Lottozahlen oder einen Fernsehbericht über Kanada sehen wollten. Alle Kandidaten entschieden sich für den Reisebericht. Dann wurden die Probanden jeweils in einen Warteraum geführt, in dem ein Fernsehgerät lief – mit den Lottozahlen. Durch Betätigung eines Schalters, der von der Decke herunterhing, konnte jeder jederzeit auf den Reisebericht umschalten. Ein Drittel der Versuchspersonen wechselte nicht zu dem attraktiveren Film, sondern schaute sich bis zu einer Viertelstunde die Lottozahlen an. Sie waren in einen passiven Zustand der Handlungslähmung geraten, der die Verwirklichung ihrer Absichten verhinderte (Kuhl 2000). Das ist der wichtige Unterschied zwischen Handlungs- und Lageorientierung einer Person. Während die einen versucht haben, die Situation zu verändern, waren andere in der Lage so gefangen, dass sie keine Handlung erzeugen konnten.

Im Sport macht dieser Unterschied den Sieger und Verlierer. Die „Trainingsweltmeister" sind lageorientiert, die Selbststeuerungskompetenz ist beeinträchtigt. Ein beeindruckendes Beispiel für Handlungskompetenz ist Nelson Mandela. Er verbrachte über zwanzig Jahre in Gefangenschaft. Neben vielen weiteren Initiativen hatte er auf Robben Island erreicht, dass Gefangene lernen konnten, ja sogar die Gefängniswärter einen Schul- bzw. Studienabschluss nachmachen konnten (Mandela 2002).

Sehr eindrücklich sind auch die Beispiele von Viktor E. Frankl in seinen Berichten aus der Zeit im Konzentrationslager, wo der Handlungsrahmen so eingeschränkt war wie nirgendwo anders und viele den Lagereinflüssen zum Opfer fielen. Es haben diejenigen überlebt, die einen inneren Halt bewahren konnten und jede kleine Chance genutzt haben, ihre Situation zu verändern (Frankl 2003, S. 114f.).

Handlungsorientierte Menschen regulieren die Eigenmotivation nach, sie haben eine höhere Emotionskontrolle, Motivationskontrolle und eine stärkere Aufmerksamkeitsorientierung (Kuhl 2000, S. 313f.).

7.4.2 *Zielorientierung*

Es gibt zwei Sünden: Zu wünschen, ohne zu handeln,
zu handeln ohne Ziel!

Ayn Rand, Schriftsteller

Aktivitäten werden wirksam, wenn sie zielgerichtet ablaufen. Gerade in Aufgaben mit großem Gestaltungsspielraum ist die Gefahr groß, dass nicht die richtigen Dinge getan werden. Aktivität ohne Zielorientierung erzeugt operative Hektik und frustriert auf Dauer. Wirksame Manager zeichnen sich insbesondere durch zwei Eigenschaften aus: Energie und Fokussierung auf das Wesentliche. Wenn sie ein Projekt wirklich von innen heraus anstreben, von seiner Umsetzung überzeugt sind, dann entwickeln sie sowohl Energie als auch den nötigen Fokus, um ihr Ziel zu erreichen. In diesem Aspekt zeigt sich, dass Antrieb ein zentraler Faktor für Intelligenz ist.

Von der Beobachtung an Menschen, die während des Zweiten Weltkriegs Hirnverletzungen erlitten haben, sind vier Faktoren der Intelligenz abgeleitet worden: Abstraktionsvermögen (Abstracting), integratives Denken (Central), Neugier, Wachheit (Power) und die Zielorientierung (Directional) (HALSTEAD 1974). Das Ziel schafft Perspektive und gibt die Energie, die Menschen Anstrengung und Unbehagen überstehen lässt, um ihre Kapazitäten zu erweitern, persönlich zu wachsen. Hier liefert der Sport kontinuierlich Nachweise. Jeder Spitzensportler schafft sich präzise Routineabläufe, um seine Energie zielgerichtet aufzubauen und zu managen (SCHWARTZ/LOEHR 2003).

Wie sich das Fehlen von motivierenden Zielen auswirken kann, zeigt sich beispielsweise in der heutigen Situation vieler Lehrer. Es gibt einen hohen Anteil von ziellos überengagierten Lehrern. Sie verausgaben sich, ohne damit persönliche Zielsetzungen zu verbinden, Hoffnung oder Perspektive für irgend etwas zu empfinden. Das Ergebnis ist ein höherer Anteil an psychischen Krankheiten als bei anderen Berufsgruppen (Schaarschmidt 2004, Krumpholz-Reichel 2004).

7.4.3 Intensität

Konzentration ist die einzige Klugheit im Leben, Zersplitterung das einzige Übel.

Ralph Waldo Emerson

Alles, was glücken soll, braucht eine gewisse Intensität. Das gilt für Forschung, Führung, zwischenmenschliche Beziehungen etc. Es ist die Konzentration auf die jeweilige Situation, der Widerstand gegenüber Ablenkung, die Hinwendung zu einem Thema. Intensität ist eine Form von Besessenheit und Hingabe. Von Einstein wird berichtet, dass er bis zu sechsunddreißig Stunden am Stück gearbeitet habe (Herrmann 1996), Newton erklärte, er sei zu seinen Entdeckungen gelangt, indem er ununterbrochen über sie nachgedacht habe. Von Haydn wird berichtet, wie er sich mit der Komposition von „Die Schöpfung" geplagt habe, Mozart schrieb an seinen Vater, dass er knietief in Musik stecke, dass er sich den ganzen Tag damit beschäftige und nachgrüble (Taylor 1985, S. 372).

Die Quelle der Intensität ist die Konzentration. Der „zerstreute Professor" ist möglicherweise hochkonzentriert mit seinem Fachgebiet beschäftigt, das abwesende Kind mit dem Spiel, der entrückte Leser mit seinem Buch (Csikszentmihalyi 1993). Es kommt darauf an, sich auf Weniges, dafür aber Wesentliches zu konzentrieren (Malik 2000, S. 101f.). Die Intensität schafft Fähigkeiten, die dann in der Ausübung Glücksgefühle produzieren.

In einem Seminar sagte ein Teilnehmer, Motivation verstehe er ganz anders: Ohne die Lust am Tun, den Spaß an der Sache, komme er nicht mehr klar. Disziplin und Pflicht seien Eigenschaften, die einen kasteien. Doch fragt man einen Marathonläufer oder einen Bergsteiger, ob jeder Meter Spaß macht, fragt man einen Sportler, ob Schmerzen beim Training Spaß bringen? Man wird keinen finden! Wer Anstrengung, Schmerz und Disziplin für sich ausschließt, nimmt sich ein großes Stück seiner persönlichen Wachstumsmöglichkeiten (Malik 2000, S. 80f.). Kein Muskel wächst aus Vergnügen.

7.4.4 *Ausdauer*

In einer so hochentwickelten Menschheit, wie die jetzige ist, bekommt von Natur aus jeder den Zugang zu vielen Talenten mit; jeder hat ein angeborenes Talent, aber nur wenigen ist der Grad von Ausdauer, Zähigkeit, Energie angeboren und anerzogen, so dass er wirklich ein Talent wird, was er ist, das heißt: es in Werken und Handlungen entladet.

Friedrich Nietzsche

Für sehr viele Menschen ist Motivation eng verbunden mit Spaß und Freude am Tun. Man ist motiviert, wozu man Lust und Freude hat. Für das Entdecken von motivationalen Potenzialen reicht es allerdings nicht aus, nur herauszufinden, was Menschen gern machen. Nicht alles, was Menschen gern machen, machen sie auch gut. Einstein hatte besondere Freude am Geige spielen hatte und verbrachte auch viel Zeit damit, Meisterschaft hat er darin nie erreicht. Sein Talent hatte ihm hier Grenzen gesetzt (Herrmann 1996, S. 78, Malik 2000, S. 128).

Nicht alles, was Menschen gut machen, machen sie gern. Manchem Schauspieler wird nach vielfachen Wiederholungen das Stück zum Halse raushängen, manchem Sänger sein großer Hit, den er immer und immer wieder singen muss, dem Museumsführer die sich immer wiederholenden Führungen mit dem gleichen Text, dem Mitarbeiter im Kundenservice das hundertste Telefonat mit einem unzufriedenen Kunden. Und, wenn es Profis sind, merkt es keiner!

Motivation ist natürlich *auch* der Spaß, die Freude am Tun und noch mehr am Ergebnis. Dafür werden oft große Opfer in Kauf genommen. Das Potenzial eines Menschen findet Ausdruck in seinen Fähigkeiten. Diese erwirbt man nicht auf Anhieb. Es ist oft ein mühsamer anstrengender Weg zum Erfolg. Der Kaufhausgründer R. H. Macy, so eine Anzeige, machte siebenmal pleite, bevor sein Kaufhaus in New York Erfolg hatte. Der englische Romancier John Creasey erhielt siebenhundertdreiundfünfzig Ablehnungen, bevor er fünfhundertvierundsechzig Bücher veröffentlichte. Dieselbe Anzeigenserie berichtet von einem Mann, der aus der Grundschule flog. Er eröffnete einen Laden, machte pleite. Brauchte fünfzehn Jahre, um seine Schulden zu bezahlen. Heiratete. Die Ehe war unglücklich. Kandidierte für den Kongress. Verlor zweimal. Kandidierte für den Senat. Verlor zweimal. Hielt eine Rede, die zum Klassiker wurde. Das Publikum blieb ungerührt. Er wurde täglich von der Presse angegriffen und vom halben Land verachtet. Er hieß Abraham Lincoln (AUGUSTINE 1989, S. 27).

Die zentrale Widerstandsressource ist das Kohärenzgefühl: Das ist das tief verankerte Vertrauen, dass die Ereignisse des Lebens vorhersehbar und erklärbar sind, die Schwierigkeiten des Lebens sich im Prinzip handhaben lassen und dass die Welt es wert ist, sich zu engagieren (ANTONOVSKY 1997). Alle motivationalen Eigenschaften entwickeln sich aus diesen vier grundlegenden Quellen: Leistungsmotivation, zielorientierte Initiative, Belastungsfähigkeit, letztlich die positive Grundeinstellung.

7.5 Woran sind motivationale Fähigkeiten zu erkennen?

Bei dieser umfassenden Bedeutung der Eigenmotivation für alle Lebensbereiche kann man mit Fug und Recht sagen, dass diese in Auswahl- und Potenzialprozessen viel zu wenig konkret beachtet wird. Fast in jeder Stellenbeschreibung finden sich Anforderungen an hohe Eigenmotivation, aber sie werden später nicht wirklich geprüft. Durch folgende Methoden lassen sich Indizien für einen hohen Grad an Eigenmotivation ausmachen.

7.5.1 Körpersprache

Schon beim Zuschauen kann man eine Menge sehen.

Yogi Berry

Menschen mit Achtsamkeit zu begegnen, bewusst zu beobachten, ist ein allgemeiner Rat, der auch hier zu wichtigen Hinweisen verhelfen kann. Um motivationales Potenzial zu erkennen, hilft es, einen Menschen nicht allein auf die Sprache zu reduzieren, sondern ihn bewusst ganzheitlich wahrzunehmen. Das Sprachliche schränkt die Beobachtung schnell auf das Kognitive ein, der Körper hingegen zeigt und vermittelt gleichzeitig und parallel zur Sprache verborgene Wünsche, Gefühle, Empfindungen, Widersprüche. Jeder Gedanke findet einen körpersprachlichen Ausdruck, umso mehr, wenn es sich um so grundlegende Dispositionen wie Eigenmotivation handelt. Wer sich selbst für einen Versager hält, gibt seinem Körper den Auftrag, diesen Gedanken zu übersetzen, wer sich oben sieht, auch (MOLCHO 1995, S. 20f.).

Manchen sieht man an den Augen an, dass sie „brennen". Gut aufgerichtete Menschen sind wach, beziehen ein, sind interessiert. Manche geben Hinweise über die Sitzhaltung. Ein Mensch, der im Stuhl „hängt", will entspannen. Hoch eigenmotivierte Menschen kennen das Wort Spannung, haben eine Sitzhaltung, die Bereitschaft signalisiert. Viele haben sie bereits im Körper, beispielsweise Tänzer. Auch der Gang eines Menschen liefert Assoziationen. Manchen Menschen fällt es schwer, Schritt zu halten, andere überholen einen fast, wenn man einige Schritte gemeinsam geht und halten dann noch die Tür auf. Aktionsfreude, Lockerheit, Behäbigkeit, Ungeduld, Gehemmtheit, Stärke, innere Spannung vermitteln sich über das Beobachten des Gangs (MOLCHO 1997, S. 165f.).

In einer amerikanischen Studie sind in einem Gefängnis Passanten durch einen Raum gegangen, beobachtet von Gefängnisinsassen, überwiegend Schwerverbrecher. Die Häftlinge sollten angeben, wen sie überfallen würden. Eine Person wäre von allen überfallen worden. Die Aussagen waren unter anderem: „Dieser hat einen eigenartigen Gang, ist nicht im Gleichgewicht, ist krank!"

Menschen mit hoher Eigenmotivation nehmen Teil am Geschehen, wollen Einfluss darauf nehmen. Sie ergreifen die Initiative beim Gespräch, sind präsent und aufgerichtet dabei. Sie machen einen Unterschied zu anderen Menschen. Aber auch hier gilt: Alle diese Hinweise sind Indizien, selbstverständlich kann jemand motiviert sein, obwohl er langsam geht und im Stuhl „hängt".

7.5.2 Handlungsorientierung

Man fühlt sich eigentlich doch nur und weiß etwas von sich, wenn man etwas macht.

Thomas Mann

Die Handlungs- oder Lageorientierung eines Menschen lässt sich in der Zusammenarbeit im Laufe der Zeit deutlich erkennen und gibt starke Hinweise (KUHL 1995). Natürlich gibt es auch Mischformen. Die Stufenleiter der Handlungsorientierung zeigt anhand typischer Sätze, wie weit der Weg von „Ich will nicht" zu „Ich tue es" sein kann:

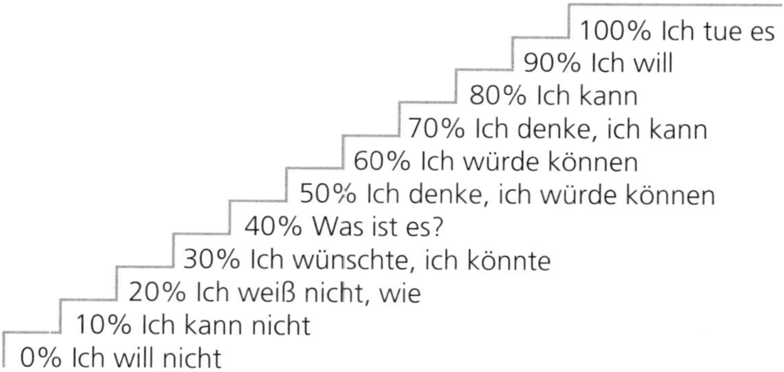

Handlungsorientierte Menschen sind in höherem Maße in der Lage, sich selbst zu steuern. Dazu gehört die Fähigkeit, seine Aufmerksamkeit auf die Verwirklichung der eigenen Absichten zu lenken. Handlungsorientierte achten besonders auf Informationen, die die Entscheidung stützen und blenden nachteilige Aspekte der Entscheidung aus (BECKMANN & KUHL 1984). Handlungsorientierte Menschen sind stärker in der Lage, ihre eigene Stimmung und ihre Gefühle zu kontrollieren. Dieser Aspekt wirkt insbesondere bei negativen Erlebnissen und Misserfolgen. Menschen, die sich ständig rechtfertigen, warum sie etwas nicht tun konnten, Menschen, die ständig etwas aufschieben, Menschen, die sich schnell vom Umfeld ablenken lassen, auf halber Strecke stehen geblieben sind, Handlungsabsichten einfach nicht umsetzen konnten, geben Indizien auf Lageorientierung. Wenn man etwas will, findet man Wege, wenn man etwas nicht will, findet man Gründe.

7.5.3 Reflexion über Vergangenheit und Zukunft

Wer keinen Sinn im Leben sieht, hat kein Motiv, sich anzustrengen.
Erich Fromm

Wenn, wie bereits beschrieben, die Biografie uns schon keine Wahrheiten liefert, bekommen wir doch wichtige Hinweise. Wie jemand über seine Vergangenheit spricht, gibt Aufschluss über die Frage, wie er seine Zukunft einschätzt. Wenn man etwas kann, sollte man wissen, dass man etwas kann. Wahrgenommene Selbstwirksamkeit beeinflusst die Denkmuster einer Person, ihre Leistung und ihren emotionalen Erregungszustand. Keiner kann sagen, was kommen wird. Dennoch haben hoch eigenmotivierte Menschen eine Grundeinstellung, dass sie es irgendwie schaffen werden. Diese wird mit geformt durch die Erfahrungen, die ein Mensch in wichtigen Situationen oder Phasen gemacht hat und die Fähigkeiten, die er dazu gebraucht oder erworben hat. Natürlich wirken erlebte Erfolge positiv auf das Selbstwertgefühl und die Selbstsicherheit. Aber der Misserfolg liegt verdammt nahe am Erfolg! Der Lerneffekt aus Misserfolgen tritt nur ein, wenn es wichtig war und derjenige auch die Selbstverantwortung übernimmt. Stärker wirken vielleicht noch überstandene Katastrophen in jungen Jahren. Oft wird gerade über diese Erfahrungen mit Stolz gesprochen. Einige erlebte Erfolge, einige wenige bewältigte Enttäuschungen geben Aufschluss, ob ein Mensch auch in späteren Jahren Frustrationen durchstehen wird.

Ein weiteres Indiz für die Art und Weise, wie jemand über die Vergangenheit und also Zukunft denkt, ist Dankbarkeit. Dankbare Menschen achten stärker auf dankbarkeitsfördernde Ereignisse, auch wenn es Kleinigkeiten sind. Sie haben aus ihrer Sicht Gutes erlebt und als solches wahrgenommen. Je dankbarer jemand ist, desto mehr Grund hat er (EMMONS 2002, SELIGMAN 2002).

7.5.4 Optimismus und Pessimismus

Lehne es nicht ab, das Negative zur Kenntnis zu nehmen. Weigere dich lediglich, dich ihm zu unterwerfen.

Arthur Lassen

In der positiven Psychologie wird der Optimismus als einflussreiche Komponente für Leistung neben Begabung und Eigenmotivation gestellt (SELIGMAN 1993, S. 22). Optimistische oder pessimistische Denkgewohnheiten wirken stärker auf die Berufs- und Lebensentwicklung ein, als gemeinhin angenommen wird. In vielen Studien wurde festgestellt, dass Pessimisten leichter aufgeben und häufiger depressiv werden. Optimisten schneiden in der Schule und Ausbildung, bei der Arbeit und auf dem Spielfeld besser ab. Werden ihre Fähigkeiten getestet, übertreffen Optimisten gewöhnlich die Vorhersagen. Ihre Gesundheit ist besser, sie leiden weniger an den üblichen körperlichen Beschwerden und altern gesünder (SELIGMAN 1993, S. 11).

Drei Dimensionen geben deutliche Hinweise auf den Willen weiterzumachen, die Widerstandsfähigkeit: Dauerhaftigkeit, Geltungsbereich, Personalisierung. Den Optimisten setzt das Leben ebenso hart zu. Aber sie denken über ihre Missgeschicke anders. Sie halten Niederlagen für vorübergehend und auf den jeweiligen Fall beschränkt. Sie lassen sich durch Niederlagen nicht unterkriegen, lernen daraus und strengen sich das nächste Mal mehr an. Sie beginnen nicht, sich selbst in Frage zu stellen. Dauerhaft pessimistische Erklärungsmuster drücken sich in Worten wie „immer" und „nie" aus. „Ich habe immer Pech!" „Nie gelingt mir etwas!" Bei guten Ereignissen ist es umgekehrt: Das pessimistische Muster ist zeitweilig: „Ich hatte mal einen guten Tag", das optimistische dauerhaft: „Ich habe eben Glück!"

Der Geltungsbereich bezieht sich auf den Raum: Menschen, die globale Erklärungen für ihre Fehlschläge geben, resignieren in allen Bereichen, wenn sie auf einem einzigen Gebiet einen Fehlschlag hinnehmen müssen: „Wem geht es heute noch gut? Es ist auf der ganzen Welt schlimmer geworden!"

Der dritte Aspekt ist die Personalisierung: Ein schwaches Selbstwertgefühl geht gewöhnlich auf internale Erklärungsmuster für negative Ereignisse zurück: „Ich bin dumm!", während bei positiven Ereignissen externale Begründungen angegeben werden: „Es waren glückliche Umstände!" Der Pessimismus ist der Preis für das „Opfersein". Jedes Opfer manipuliert seine Umwelt durch Schwäche. Das positive Erklärungsmuster läuft jeweils entgegengesetzt (SELIGMAN 1993, S. 57f.). Besondere Aufmerksamkeit sollte also wiederholten Verallgemeinerungen geschenkt werden, die zur Erklärung negativer Situationen herangezogen werden.

7.5.5 Lern- und Handlungsimpulse über Selbstreflexion

Selbstbewusste Menschen haben keine Angst vor einer kritischen Prüfung ihrer Ideen.

Jack Welch

Führungskräfte mit erfolgreichen Karriereverläufen reflektieren besonders kritische berufliche Situationen und gewinnen Lern- und Handlungsimpulse, die sie zu besonderen Leistungen befähigen (McCall, Lombardo & Morrison 1988). Führungskräfte dagegen, deren Karriere von enttäuschten Erwartungen und Nicht-Ereignissen begleitet ist, gewinnen oft nur oberflächliche oder gar keine Einsichten aus kritischen Situationen, geben dem Umfeld und anderen Menschen die Schuld. Sie rechtfertigen sich, aber lernen nicht daraus (McCall 1997, McCall & Mahoney 1997).

Jack Welch (2001) sagt: „Der beste Beweis für Selbstbewusstsein ist Offenheit für Veränderungen." Es sind Menschen, die sich offensichtlich wohl in ihrer Haut fühlen, die sich selbst mögen und auch keine Angst haben, es zu zeigen. Da heute die Brüche in den Lebensläufen zugenommen haben, lohnt es sich, zu erfahren, wie der jeweilige Mensch darüber denkt. Wohlgemerkt, ein schnurgerader Lebenslauf ist keine Garantie für erstklassiges Potenzial, ein völlig krummer Lebenslauf kann tatsächlich auf eine wenig erfolgreiche Person hindeuten. Dennoch kann gerade der Umgang mit Brüchen eine Persönlichkeit formen. Wer diese Erlebnisse und Phasen reflektiert, seine Beteiligung daran überprüft, Schlussfolgerungen zieht und in das weitere Leben integriert, ist lernfähig und das macht den Unterschied.

7.5.6 Projektion

Projektive Verfahren gehören seit langem in der Psychologie zum Repertoire, wenn es um motivationale Dispositionen geht. Der Beginn war der 1921 zum ersten Mal veröffentlichte Rorschach-Test, mit dem „Deuten lassen von Zufallsformen" (SPITZNAGEL 1995, S. 515f.). Weitere Projektionsverfahren können sein: Geschichten erzählen, Deuten, Zeichnen/Malen, Spielen, Wählen.

Im folgenden Beispiel soll beschrieben werden, was einer betrachtenden Person zu diesem Bild einfällt.

Abb. 11:
Die Messung des Leistungsmotivs

Es kann sich im Auge des Betrachters um eine konzentrierte, disziplinierte Person handeln, die fleißig übt, aber auch um eine Person, die nur ungern Geige übt, es nur tut, weil sie es vielleicht muss!? Man könnte auch drei Personen in einer bildlichen Figuration vorstellen, der Kandidat muss sich für eine entscheiden und begründen, warum.

Da diese Verfahren im Falle von negativen Aussagen ein Gespräch erheblich belasten können, sollte man mit ihnen sehr behutsam umgehen. Die projektive Persönlichkeitsdiagnostik hat deshalb von Beginn an auch Kritiker. Ziel eines solchen Tests ist immer, einen Einblick in die Eigenwelt des Individuums zu erreichen.

Als Hauptgründe werden angeführt, dass die Methoden für die Testpersonen undurchschaubar sind und deren Auswertung sehr weitgehende Interpretationsleistungen des Diagnostikers fordert. Darüber hinaus ist die theoretische Grundlage umstritten (siehe u. a. SCHULER 1998, S. 104) Manche Rechtsgutachter halten undurchschaubare Verfahren, v. a. projektive Tests sogar für unzulässig (z. B. KLEIN 1982).

7.5.7 Gestalten freier Zeit

Strebe nach Ruhe, aber durch das Gleichgewicht, nicht durch den Stillstand deiner Tätigkeit.

Friedrich Schiller

Es ist aufschlussreich, wie ein Mensch seine frei verfügbare Zeit verbringt. Menschen, die sagen, sie wollen Karriere machen und jeden Tag etliche Stunden fernsehen, wollen zunächst einmal fernsehen! Menschen wollen unsterblich sein, wissen aber schon an einem verregneten Sonntag nichts mit sich anzufangen. Andere üben, lernen, trainieren, experimentieren ständig. Als Orientierungshilfe kann hier ein Schaubild aus dem Zeitmanagement dienen.

Dringliche Tätigkeiten unterliegen einem überwiegend zeitlichen Druck, wichtige Tätigkeiten sind solche, die investiv wirken, zukunftsorientiert sind. Das Lesen eines Fachbuches ist sicher eine wichtige, nicht dringliche Tätigkeit, also eher investiv, das Lesen von Krimis eher nicht dringlich und unwichtig, also eher eine konsumtive Tätigkeit. Wer es nicht schafft, trotz aller Dringlichkeiten etwas Wichtiges für morgen oder übermorgen zu tun, rüstet sich nicht für die Zukunft. Viele agieren fast gedankenlos in der Erfüllung der täglichen Erfordernisse, arbeiten nichts als Terminpläne ab.

	Dringend	Nicht dringend
Wichtig	I Krisen Drängende Probleme Projekte, Besprechungen, Vorbereitungen mit Zeitlimit	II Vorbereitung Vorbeugung Werteklärung Planung Beziehungsarbeit Echte Erholung Förderung der Selbstverantwortung
Nicht wichtig	III Unterbrechungen, einige Anrufe Manche Post, einige Berichte Einige Konferenzen Viele anstehende, drängende Angelegenheiten Viele beliebte Tätigkeiten	IV Triviales Geschäftigkeit Wurfsendungen Manche Anrufe Zeitverschwendende Beschäftigungen Fluchtaktivitäten

Quelle: Stephen R. Covey (1998)

Abb. 12: Wichtige und dringliche Tätigkeiten

7.5.8 *Überlastungssituationen*

Gebeugt erst zeigt der Bogen seine Kraft.

Franz Grillparzer

Die Schwester der Eigenmotivation ist die Spannung. Motivierte Menschen kennen Spannungssituationen, Herausforderungen, bei denen nicht klar ist, ob sie bewältigt werden. Hoch eigenmotivierte Menschen wachsen daran, oft sind es stark persönlichkeitsstärkende Elemente einer Biografie. Spannung und Stress sind enge Nachbarn. Stress hat insbesondere drei Voraussetzungen: eine hohe Anforderung, ein ungewisser Ausgang, schädigende Konsequenzen bei Nicht-Erreichen der gesetzten Aufgaben. Wer ständig unter Stress und Überlastung agiert, brennt aus, ist vielleicht schon ausgebrannt. Stress ist „Verlust an Selbstkontrolle" (HÖHLER 2004). Der Energieverbrauch läuft hier auf Pump.

Damit Spannung nicht ständig zu Stress ausartet, sollte auch geklärt werden, wie der betreffende Mensch für einen Ausgleich sorgt, was er tut für seine Regeneration. Der Muskel wächst in der Regenerationsphase, nicht während der Überlastung! Wer sich einerseits etwas zumutet, andererseits weiß, wie er wieder aufladen kann, gibt deutliche Hinweise für eigenmotiviertes Verhalten.

7.5.9 *Unzufriedenheit*

Jede Veränderung hat einen Aspekt von Not oder Unzufriedenheit.

Wenn Menschen mit ihrer Situation absolut zufrieden sind, werden sie unehrgeizig. Keiner verändert etwas, wenn alles stimmt. Jede Veränderung hat diesen Aspekt von Unzufriedenheit. Das gilt für berufliche Wechsel exakt wie für private Veränderungen. Kein Mitarbeiter wird etwas verbessern und optimieren, wenn er mit der aktuellen Situation zufrieden ist. Im materiellen Bereich, der leider zu oft glücksbestimmend erscheint, gibt es bei praktisch jedem Menschen dieses latente Gefühl, es könnte noch ein bisschen mehr sein. Und das erzeugt oft Handlungen. Menschen, die Aussagen treffen können, was oder wer sie unzufrieden macht, geben Hinweise auf Differenzierung.

7.5.10 Grad an Egoismus

Ich bin der Größte!

Muhammed Ali

Das Ego eines Menschen ist seine stärkste Kraft- und Energiequelle. Alle Kinder leben Egoismus ungesteuert aus und entwickeln sich dabei zu Persönlichkeiten. Im Erwachsenenalter gilt es dann, das Ego in den Griff zu bekommen. Egoorientierte Menschen sind sich immer wichtig, möchten Einfluss nehmen, haben Selbststärke und eine Portion Unabhängigkeit. Sie übernehmen gerne Verantwortung und entscheiden oft aufgrund eigener Überzeugung. Mit dem Egoismus wird die Ausdauer, die Belastbarkeit gestärkt. Dieser Typ berichtet gerne von eigenen Erfolgen, manchmal im Übermaß, stellt das Ich vor das Wir. Oft erkennt man das Bedürfnis, eigene Bedeutung auszudrücken, schon am Lebenslauf: Zum Beispiel steht hinter dem Abschluss nicht nur die Note, sondern oft eine vergleichende Bewertung: „Unter den zehn Besten des Jahrgangs ...“ Ein hoher Grad an Egoismus sollte nicht ignoriert werden, weil er stark auf motivationale Eigenschaften hinweist, aber auch Bedeutung im zwischenmenschlichen Bereich hat.

7.5.11 Sport und Wettbewerb

Leistungsmotivierte Menschen differenzieren!

Ulrich Döring, Professor BWL, Uni Lüneburg

Hoch eigenmotivierte Menschen scheuen es nicht, in Konkurrenz zu treten, Wettbewerb zuzulassen. Sicher gibt es im Leben eines jeden Menschen viele Hinweise auf solche Situationen. Sie sind in der Intensität der Ausübung von Hobbys zu finden, im Ehrgeiz, schulische Bestleistungen zu erbringen, sich politisch zu engagieren und zur Wahl zu stellen, und Ähnliches.

Besonders naheliegend sind hier die Beispiele aus dem Sport. Ein beachtlicher sportlicher Erfolg tilgt jeden Zweifel an hoher Motivation. Sicher ist, dass keinem Sportler der Erfolg geschenkt wird. Er braucht Ausdauer, Disziplin, Konzentration. Ganz sicher kann man sagen, dass ein Sieger einen hohen Grad an Motivation gezeigt hat, um diesen spezifischen Erfolg zu erzielen. Dennoch ist eine Übertragung in das „normale" Berufsleben nicht zwangsläufig gegeben. Sehr viele Sportler haben nach ihrer Karriere keine weitere erfolgreiche berufliche Laufbahn vorzuweisen.

Sportler verbringen neunzig Prozent der Zeit damit, sich fit zu machen, um in maximal zehn Prozent der Zeit Leistung zu bringen, in manchen Sportarten sind es nur Sekunden. Ihr ganzes Leben ist auf Aufbau, Erhalt und Erneuerung von Energie gerichtet, die sie benötigen, um in einer kurzen, konzentrierten Periode im Wettbewerb bestehen zu können (SCHWARTZ, LOEHR 2003). Ein Leistungssportler ist im Grunde ein Energieoptimierer!

Sport und andere angesprochene Engagements liefern zwar ein Persönlichkeitstraining mit, doch auch hier muss der Rahmen der Leistungserzeugung geklärt werden. Sind Sportler also bevorzugte Bewerber? Der Berufstätige verbringt wenig oder gar keine Zeit mit einem systematischen Training und dennoch muss er zehn bis zwölf Stunden am Tag Bestleistung bringen. Arbeitsleben bedeutet oft vierzig Jahre berufliche Arbeit ohne nennenswerte Pause mit vielen Abhängigkeiten. Sicher ist auch, dass Menschen, die eine gewisse Lebensspanne sehr viel Zeit mit sportlichen Aktivitäten verbracht haben, diese Zeit nicht zum Erwerb von Fähigkeiten und Kenntnissen genutzt haben, die sie in späteren beruflichen Entwicklungen dringend brauchen. Einem Tennisprofi hilft im späteren Geschäftsleben nicht unbedingt, dass er tausende Stunden Aufschläge trainiert hat und diesen beherrscht. Dennoch lohnt sich die Beschäftigung mit sportlich ambitionierten Menschen. Erfolgreich bestandene Wettbewerbssituationen bieten insgesamt nur wenige Menschen.

7.5.12 Leitfragen

Folgende Leitfragen fassen die angesprochenen Punkte zum Thema Eigenmotivation zusammen. Sie sind Angebote an den Gegenüber, in einen Austausch über die Eigenmotivation einzusteigen und die Chance, etwas über die „Bauchkriterien“ zu erfahren.

- Würden Sie sagen, Sie haben alles in allem im bisherigen Leben Glück gehabt?

- Was waren die glücksproduzierenden Erlebnisse?

- Was gibt Ihnen Grund, an sich zu glauben?

- Welches große Ziel hätten Sie, wenn Sie zweifelsfrei wüssten, dass sie es erreichen?

- Welche Fähigkeit hilft Ihnen mehr als alle anderen, Ihr Ziel zu erreichen?

- Wie verbringen Sie Ihre Freizeit?

- Beschreiben Sie einige Situationen, in denen Sie Spannung spüren!

- Was gibt Ihnen insbesondere Grund, sich zu vertrauen?

- Was würden Sie tun, wenn es ab morgen nicht mehr so weitergehen würde?

- Was soll noch vorkommen in Ihrem Leben?

7.6 Ergänzendes zur internen Potenzialerkennung

Wenn Unternehmen an den Bedürfnissen der Mitarbeiter vorbei agieren, führt dies zu reduzierter Loyalität und Einsatzfreude.

Richard Nelson Bolles

Wie wichtig die Prüfung des Antriebs eines Menschen ist, bevor man sich für ihn entscheidet, ist oben beschrieben. Ist dieser nicht in gefordertem Maße gegeben, hat man später sehr viel Aufwand, Leistung zu erzeugen, oder man verzichtet auf einen Teil der möglichen Leistung. Die hoch motivierten Mitarbeiter sind oft nicht die bequemsten, auf jeden Fall aber die leistungsfähigsten. Es sind die Mitarbeiter, die differenzieren wollen. Im Grunde muss man lediglich über einen Zeitraum beobachten, wer ein besonders hohes Aktivitätsniveau hat, initiativ ist, über die reine Aufgabenerledigung hinaus Einfluss nimmt, schnell arbeitet und sich dennoch tief in ein Thema einarbeitet, wer mit den Aufs und Abs klarkommt, wer trotz Widerstände etwas weiter bringt.

Es sind leistungsmotivierte Mitarbeiter, die sich freuen über gute Ergebnisse, die es auch gut finden, wenn andere (z. B. der Vorgesetzte) sich darüber freuen, und die sich ärgern über Misserfolge. Mitarbeiter mit starkem Antrieb brauchen keine klaren Zielvorgaben, sie brauchen Herausforderungen, Verantwortung, Zutrauen und Spielraum. Sie sind Selbststarter. Da die Motivation eine starke emotionale Komponente hat, ist der Einfluss der Führungskraft auf die Leistung eines Mitarbeiters hoch einzuschätzen. Die Wertschätzung und das individuelle Einstimmen auf jeden Mitarbeiter kann nicht an Incentivierungsinstrumente delegiert werden. Die Selbsteinschätzung ist beeinflusst von der Reaktion anderer, insbesondere der Führungskraft.

8 Herzkriterien – Zwischenmenschliche Fähigkeiten – Die lebenslange Prägung und Anpassung

Wir handeln am freiesten, wenn wir unsere dauerhaften Wesenszüge ausdrücken. Ein Leben lang.

McCrae und Costa

Die sozialen Fähigkeiten werden in Unternehmen als „weiche“ Faktoren beschrieben. Dabei schwingt oft eine Wertung mit, weil im wirtschaftlichen Umfeld die „harten Fakten“ im Vordergrund stehen. In Luftfahrtunternehmen ist seit vielen Jahren deutlich, dass es bei Piloten nicht allein auf fliegerisches Können ankommt, sondern auch, wie sich ein Pilot im Cockpit verhält. Für die Ausbildung zum Piloten spielen Eigenschaften wie Integrität, Kommunikationsfähigkeit, Besonnenheit eine große Rolle. Bei der Auswahl wird viel getan, um zutreffende Hinweise auf diese „Herzkriterien“ zu erhalten. Soziale Talente sind auch in anderen Fachgebieten unabdingbar: Bei einem guten Arzt oder einem guten Richter entscheiden diese Kompetenzen maßgeblich über die Qualität ihrer Arbeit. Alles, was man nicht allein tun kann, braucht zwischenmenschliche Fähigkeiten, wenn man es gut machen will. Es ist der kleine Unterschied in der Führung, ob Mitarbeiter folgen oder ob sie folgen „wollen“! Soziale Kompetenz ist nicht nur der beste, es ist der einzige Weg, einen anderen zu erreichen.

Während bei motivationalen Kompetenzen eine Einschätzung möglich erscheint, wenn man ihnen genug Beachtung schenkt, ist es bei den sozialen Fähigkeiten sehr viel schwieriger, echte Dispositionen zu erkennen. Das Verhalten eines Menschen zu verstehen ist ein sehr anspruchsvolles und zeitbeanspruchendes Anliegen. Wenn man sieht, wie lange sich

Verhaltensforscher mit einer Tierart beschäftigen, um sie zu verstehen, wie viele Beobachtungen notwendig sind, um angemessene Schlussfolgerungen zu ziehen, kann man sich leicht vorstellen, wie schwer das bei einem Menschen und Individuum sein mag. Die Vielschichtigkeit einer Person wird vor allem durch ihre Verhaltenseigenschaften deutlich. Und dieses Verhalten wird wahrgenommen von einer Person, die ebenso vielschichtig ist. Außer seiner fachlichen Qualifikation bringt jeder Kandidat oder neu eingestellte Mitarbeiter seine Verhaltenseigenarten mit ein. In den meisten Fällen sind sie den Entscheidern nicht wirklich bekannt. In der kurzen zur Verfügung stehenden Zeit ist schwer zu erkennen, ob eine Person wirklich echtes Verhalten zeigt oder sich einfach nur angepasst verhält, ob gerade getäuscht oder die Wahrheit preisgegeben wird.

Selbst wenn die wesentlichen Verhaltensmerkmale eines Bewerbers bekannt sind, ist noch nicht klar, wie diese mit der Kultur des Unternehmens, des Bereichs, des Teams und des Chefs übereinstimmen und auch nicht, in welchem Grad sie wirken können. Wird ein extravertierter, gesprächiger, raumfüllender Mensch in Meetings angepasst reagieren und sich kontrollieren? Wird ein zurückhaltender, nach Harmonie strebender Mensch später als Führungskraft zum entscheidungsstarken Konfliktmanager? Man kann es nicht sagen, deshalb muss den Merkmalen tiefer auf den Grund gegangen werden.

8.1 Differenzierung von „sozial“ und „zwischenmenschlich“

Zwischenmenschliche Talente werden immer in Interaktion mit anderen deutlich. Insofern wird eine Unterscheidung wichtig, die oft übersehen wird: Was sich zwischen Menschen ereignet, wird dem „Sozialen" zugerechnet. Von sozialen Phänomenen kann man überall da sprechen, wo Menschen in einer Gruppe miteinander verbunden sind und Erfahrungen teilen. Eine Person aus einer Gruppe muss dennoch nicht mit den anderen eine personenhafte Beziehung haben (BUBER 2002, S. 272). Das kollektive *Mit*einander produziert nicht zwangsläufig ein persönliches *Zu*einander. In einem Fußballstadion, bei einer Demonstration, beim Marathonlauf, bewegt man sich in einer sozialen Gruppe. Erst wenn sich zwei aus dieser Gruppe unterhalten, erleben sie einen persönlichen Kontakt.

Albert Einstein hat sich sehr für benachteiligte Menschen engagiert, hat politisch gewirkt, so dass man mit Sicherheit sagen kann, dass er ein sozialer Mensch war. Wie weit seine zwischenmenschlichen Talente reichten, darf kritisch betrachtet werden (HERRMANN 1996). „Sozial" ist menschlich, „zwischenmenschlich" hingegen ist eine Kategorie von du und ich, die Partizipation des Partners ist unerlässlich.

Auch wenn jeder Mensch ein soziales Wesen ist, findet man Menschen mit ausgeprägten sozialen Fähigkeiten selten. Der amerikanische Managementberater TOM PETERS hat daher stark für den Abbau von Hierarchien plädiert: „Weil es so wenig Menschen mit wirklich sozialer Kompetenz gibt!" (PETERS 1993). Dennoch wird dies kaum eine Führungskraft eingestehen und die Sprache hält ein großes Repertoire bereit, um sich zwischenmenschlich und mitfühlend zu geben. Dadurch macht man sich in Unternehmen oft das Leben schwer, zwischenmenschliche Konflikte gehen tief und gleichzeitig geht die Übung im Zwischenmenschlichen verloren. Der psychosoziale Stress nimmt zu, Coaching ist zum zwangsläufigen Muss geworden.

Dies geschieht in einer Zeit der Internationalisierung und Globalisierung, in der es immer wichtiger wird, mit den Unterschiedlichkeiten in Mentalität und Verhalten einfühlsam umzugehen, ja, sie zunächst einmal zu erkennen. Wie schwer fällt es schon Deutschen, erst einmal die Unterschiede in Ost und West zu verstehen?

8.2 Von der Schwierigkeit, zwischenmenschliche Fähigkeiten zu erkennen

8.2.1 Menschen verhalten sich je nach Situation unterschiedlich

Je mehr Ritual, desto weniger Differenzierung.

Es gibt Menschen, die verhalten sich je nach Situation unterschiedlich, andere werden überall ähnlich wahrgenommen. Wenn man Menschen nur in einer Situation erlebt, ist die Gefahr groß, nichts über die typischen, die jeweilige Person auszeichnenden Verhaltensmerkmale zu erfahren. Je ritualisierter die Szenen sind, desto weniger kann man vom Verhalten auf die Charakteristika des Individuums schlussfolgern. In der Kirche, zu Karneval, Fasching, bei Hochzeiten etc. verhalten sich Menschen sehr ähnlich. Beim Militär wird dieses Prinzip besonders deutlich. Auch das Bewerbergespräch, das Mitarbeitergespräch ist ein Ritual, in dem sich Menschen tendenziell ähnlich verhalten und damit die Differenzierung erschweren. Je formeller die Kommunikation organisiert ist, desto schwieriger wird es, individuelles Verhalten zu beobachten. Das Verständnis über die besonderen Eigenschaften steigt enorm an, wenn es möglich ist, Menschen in verschiedenen, auch informellen Situationen zu erleben. Erst die in vielen Situationen erlebbaren ähnlichen Verhaltensweisen lassen genügend sichere Rückschlüsse auf die Person zu.

8.2.2 Menschen verhalten sich je nach Person unterschiedlich

Ein Mensch hat so viele soziale Ichs, wie es Personen gibt, die von ihm Notiz nehmen.

William James

Sozialverhalten korrespondiert immer mit anderen Menschen. Wenn man eine Person beobachtet, wie sie sich mit dem Partner, den Eltern, den Kindern, dem Chef, einem Kollegen, dem Inhaber des Unternehmens, einem Prominenten, einem Freund, einem Feind etc. unterhält, sind Unterschiede leicht festzustellen. Jeder verhält sich dem anderen gegenüber auf seine Weise und das nicht ohne Grund, und jeder erlebt den anderen auf seine Art. Und der Mensch braucht andere auch als Rückkopplung für die Eigenwertung. Was empfindet ein Teilnehmer einer Gruppe, wenn er etwas sagt und keiner reagiert darauf? Es ist eine Strafe. Offensichtlich braucht man die Anerkennung von außen. Unser Selbstbild und unser Selbstwertgefühl sind in starkem Maße abhängig vom Urteil anderer (DE BOTTON 2004, S. 8).

Wie wir uns anderen gegenüber verhalten, wird häufig vom Status bestimmt. Status ist der Platz in der sozialen Rangordnung. Viele Menschen messen ihm große Bedeutung zu, wenige geben es zu, dass der Status ihnen sehr wichtig ist. Status erzeugt Aufmerksamkeit und Anerkennung, Menschen verändern ihr Verhalten aufgrund von Status. Versuchspersonen, die man zu Vorgesetzten ernannte, redeten zum Beispiel mehr (GERARD 1957). Menschen werden zu Gönnern und Menschenfreunden, wenn sie darin bestätigt werden, und Menschen werden zu rücksichtslosen Egoisten, Intriganten oder „Nach-unten-Tretern“, wenn sie befürchten müssen, Status zu verlieren. Über den Witz eines Menschen, der Status genießt, wird gelacht, selbst, wenn es ein schwacher Witz ist. Dies stärkt die innere Überzeugung, witzig zu sein. Mit der Schmeichelei wächst die eigene Überzeugung, große Verdienste zu haben. Der Drang, Status zu gewinnen, erzeugt typische Verhaltensmuster, die Furcht, ihn zu verlieren, auch. Statusangst und Neid sind enge Verwandte.

8.2.3 *Menschen verhalten sich je nach Zweck unterschiedlich*

Der Mensch ändert sein Verhalten, wenn er etwas will!

Oscar Wilde

Das Verhalten eines Menschen ergibt sich nicht nur aus dem natürlichen Verhalten der grundlegenden Persönlichkeit, sondern auch aus dem angepassten. Dies ist ein wichtiger innerer Mechanismus, der die Überlebenschance erhöht. Das heißt, ein mehr oder weniger starker Teil des von uns erlebten Verhaltens einer anderen Person ist zweckbestimmt. Je mehr ein Mensch Vorteile erhoffen kann oder Nachteile für sich befürchten muss, desto stärker richtet er sein Verhalten danach aus. Dieses Verhalten ist durch die – je nach der Persönlichkeit sehr unterschiedlichen – motivierenden Bedürfnisse konditioniert.

Dieses Phänomen erleben wir täglich. Wie verändern Kinder ihr Verhalten, wenn sie etwas wollen! Das gleiche Programm läuft bei Erwachsenen ab. Es ist ein Mythos, dass Mitarbeiter mit ihrer Führungskraft offen und frei sprechen. Mitarbeiter überlegen sich genau, wann und womit sie zur Führungskraft gehen und sicher auch, wie sie ihr Anliegen darbieten (NEUBERGER 1998, S. 19). Wir erleben in Unternehmen ein hohes Maß an angepasstem Verhalten, weil wir uns in Machträumen bewegen. Sowohl seitens der Führungskraft als auch seitens der Mitarbeiter wird Verhalten instrumentalisiert, zwischenmenschliche Talente werden zum Taktieren genutzt.

Eindringlich werden die Verhaltensanpassungen in den MILGRAM-Experimenten deutlich (MILGRAM 2004). Ganz gewöhnliche Menschen, die nur ihre Aufgabe erfüllen und keinerlei persönliche Feindseligkeit empfinden, können zu Handlungen in einem grausamen Vernichtungsprozess veranlasst werden. Lehrer bestraften in ihrer Experimentalrolle Schüler, die Fehler gemacht haben, mit Elektroschocks, Gefängniswärter gingen brutal gegenüber Gefängnisinsassen vor, wenn sie Regeln übertraten. Wenn man Macht und Status übergibt, sollte man die Menschen kennen, die damit umgehen. Der Zweck heiligt die Mittel. Friedrich Nietzsche schrieb: „Die Waffe in der Hand des Schwachen ist am gefährlichsten."

8.2.4 Menschen verhalten sich im Laufe des Lebens unterschiedlich

Man muss lange leben, um ein Mensch zu werden.

Antoine de Saint-Exupery

In einem deutlichen Unterschied zu den motivationalen und auch intellektuellen Kompetenzen, können sich die sozialen Kompetenzen im Laufe eines Lebens durchaus verändern. Man kann nicht ohne weiteres sagen, dass das Verhalten eines Menschen so bleibt wie zum Zeitpunkt des Kennenlernens. Zukünftige Ereignisse nehmen auch Einfluss auf das Verhalten. Insgesamt lernt der Mensch durch seine zwischenmenschlichen Erfahrungen über die Zeit, er gewinnt an Lebensreife. Das Ego, das in jungen Jahren hilft, über alle Widerstände hinweg die eigene Entwicklung zu betreiben, wird im Laufe des Lebens in der Regel etwas besser unter Kontrolle gebracht. Was man Altersweisheit nennt, ist jedoch mehr: Nach der Definition des Brockhaus (1957, S. 410) „verleiht Weisheit überlegene und zugleich taktvoll bescheidene Sicherheit im Verhalten zu Welt und Menschen".

Weisheit ist auch Lebensklugheit, Gelassenheit, Nachsicht, Humor, Selbstdistanz. Man muss nicht mehr täglich die Welt erobern und wird vielleicht etwas gelassener, vielleicht auch etwas geduldiger, oft auch verzeihender, toleranter. Menschen bis Mitte dreißig sind der Beruf und Freunde besonders wichtig, von fünfunddreißig Jahren bis Mitte fünfzig in erster Linie die Familie und der Beruf, später richtet sich der Fokus immer stärker auf Aspekte von Gesundheit, Familie und Nachdenken über das Leben (Staudinger 1996). Man kann sagen, der Mensch wird sozialisierter, aber weniger sozialisierbar (Howard 2002).

8.3 Berufsbezogene zwischenmenschliche Eigenschaften

8.3.1 Kommunikationsfähigkeit

Missverständnis: Die häufigste Form der Kommunikation

Peter Benary

Die Fähigkeit zu kommunizieren, ist eine grundlegende und umfassende. Man braucht dafür in erster Linie eine gute Kognition und Einfühlung. In beruflichen Zusammenhängen wird das sachliche Argumentieren trainiert. Man lernt, Begrifflichkeiten zu nutzen, Präsentationen zu halten, Schriftstücke anzufertigen, geschäftlich zu korrespondieren. Dazu behilft man sich vieler Worte und überwiegend kognitiver Erklärungsmuster. Dass Kommunikation zwischen Menschen vor allem auf einer Relation des Empfindens beruht, wird oft vernachlässigt. Dieser elementare Aspekt ist unbestritten in der Kommunikation zwischen Erwachsenen und Kindern, er gilt gewichtig bei der Wortwahl des Arztes und seiner Wirkung auf den Patienten und er wirkt genauso stark im betrieblichen Kontext. Wirksames Veränderungsmanagement in Unternehmen bedeutet angemessener Umgang mit Gefühlen.

Je weniger die Beziehung stimmt, desto schwieriger gestaltet sich die sachliche Produktivität (Fittkau 2000). Beziehungsverbesserungen sind in erster Linie durch regelmäßige Beziehungsarbeit zu erreichen, nicht durch sachlich-organisatorische Veränderungen (Rogers 1979; Fisher & Brown 1989). Der Dialog ist das wichtigste und wirksamste Führungsinstrument. Er wird zu Monologen missbraucht und produziert oft Unbeholfenheit und Unverständnis.

In der hawaiianischen Sprache haben viele Worte bis zu acht Bedeutungen (Schütz 1995). Da braucht es die Beschäftigung miteinander, um sich zu verstehen. Eine Grundregel der Indianer, wenn sie ihre Councils (Zusammenkünfte) halten, lautet: Fasse dich kurz und sprich von Herzen! (Hartkemeyer 1998). Gute Kommunikation hat mehr mit der Grundhaltung zu tun, mit der man sich und anderen Menschen begegnet als mit Gesprächstechnik.

8.3.2 Extraversion und Introversion

Man muss nicht immer recht haben, aber man muss wer sein!

Arnold Schönberg

Heute gilt mehr denn je: Wir sind, was wir scheinen! Aufstiegschancen hängen zu 90 Prozent vom äußeren Schein ab und nur zu 10 Prozent von Leistung. Beim äußeren Schein entscheidet vor allem das Auffallen und Gesehenwerden (60 Prozent) und das Image (30 Prozent) (SAMPSON, 2000). In diesem Sinne ist von besonderer Auswirkung, ob ein Mensch eher extravertiert oder introvertiert ist. Charakteristisch für extravertiertes Verhalten sind Unbekümmertheit, Sorglosigkeit, Impulsivität, Vorliebe für Aufregendes, ein genereller Betätigungstrieb, Geselligkeitsbedürfnis, viele Kontakte, Gesprächigkeit, Überzeugungskraft, Freude daran, im Mittelpunkt zu stehen, aufzufallen, öffentlich zu sprechen, Freude an Aktion und Schnelligkeit, auch die Neigung zu Oberflächlichkeit und zum Bluffen. Extravertierte Menschen können zugewandt, warmherzig, begeisterungsfähig sein.

Bei der Introversion ist es die Neigung zur Reflexion, das nach innen Gelenkte, eher Ernsthafte, Beobachtende, Zurückgezogene, Zögerlichkeit, Abneigung aufzufallen, Pflege von eher wenigen Freundschaften, die Bedachtsamkeit, das eher Sachbezogene, Nüchterne, Bescheidene (GUILFORD 1974, 1975).

Die aufgeführten Eigenschaften korrelieren miteinander, aber nicht hoch. Das bedeutet, dass sich Extraversion nicht in allen genannten Eigenschaften zeigen muss (BARTUSSEK 1995). Tatsächlich spüren viele Menschen eine starke Erwartung, extravertiert aufzutreten oder sehen, wie andere damit erfolgreich sind. Extravertierte Menschen haben in der Regel Vorteile, z. B. bei persönlichen Auswahlverfahren wie Interviews, auch Assessment-Centern, wo die Wirkung eine große Rolle spielt. Ausdruck erzeugt Eindruck! Selbstdarstellung fällt Extravertierten leicht und ist Teil ihres natürlichen Verhaltens. Je kommunikativer jemand ist, desto besser versteht er sich darauf, in eine Rolle zu schlüpfen und anderen zu schmeicheln. Menschen geben erfolgreiche Verhaltensmuster nicht auf. Also werden diese Menschen sich weiter in dieser Art verhalten. Heute wird das Berufsleben schon als ein Sympathiewettkampf und ein Wettbewerb um Vertraulichkeitsvorsprung wahrgenommen (STOLDT 2004, S. 14). Wenn echte

Gefühle lange gegenüber einer gespielten Empathie unterdrückt werden, können Menschen nach einiger Zeit nicht mehr unterscheiden. Die Folgen eines solchen Verhaltens für die Suche und Auswahl von kompetenten und talentierten Menschen, für Beförderungen etc. sind problematisch. Im gleichen Zuge wird der soziale Raum für introvertierte Menschen immer enger. Die gesellschaftlichen Institutionen (Familie, Vereine, religiöse Einrichtungen etc.), in denen Menschen schon aufgrund selbstverständlicher Zugehörigkeit beachtet werden, haben an Bedeutung verloren (vgl. Tarr Krüber 2001).

8.3.3 Kooperation und Konflikt

Menschen, die nicht mehr bereit sind, Konflikte auszutragen, haben nur noch etwas zu verlieren, aber nichts mehr zu gewinnen.

Wolf Lotter

Die Disposition von Menschen unterscheidet sich gerade im Umgang mit Konflikten und der Fähigkeit zu echter Kooperation. Menschen können unabhängig funktionieren oder sich in Abhängigkeit begeben und in größere Systeme eintreten, dort eine Rolle übernehmen. Sie sind nicht auf völlige Autonomie, aber auch nicht auf völlige Unterordnung zugeschnitten (Milgram 2004, S. 179). Konfliktfreies Leben und Arbeiten ist Illusion, der Konflikt ist die Regel. Er entspricht der Realität im Leben, die Harmonie ist die Ausnahme.

Konfliktfreies Führen, wie es manche Managementbücher versprechen, gibt es nicht. Immer, wenn es um wirkliche Leistung, das Ausschöpfen von Potenzialen geht, gibt es Grenzberührungen zu anderen Menschen. „Individualität heißt Differenz, Subjektivität Dissens. Konflikte sind nicht das Ende des Denkens, sondern der Anfang.“ (Sprenger 2004, S. 110f.). Wer Personen sucht, die Wirkung erzeugen, kann dies nicht ignorieren. Die wachsende Unsicherheit in zwischenmenschlichen Situationen führt heute tendenziell zu Konfliktumgehung und dies kann in weiterer Ausprägung zur Katastrophe führen. „Wer nichts tut, löst auch keinen Konflikt aus." (LOTTER 2004, S. 44), lautet die Empfehlung. Dabei sind Auseinandersetzungen, unterschiedliche Meinungen, Widersprüche Motoren des Fortschritts. Doch es zählt Anpassungsfähigkeit um jeden Preis.

„Satte Gesellschaften lieben den Konflikt nicht", schreibt Ralf Dahrendorf. Siebzig Prozent aller Fusionen scheitern, weil man vor dem Zusammenschluss den Konflikt, was man gemeinsam will und was nicht, nicht austrägt (LOTTER 2004, S. 44). In der täglichen beruflichen Kommunikation bedeutet es: So wenig wie möglich direkt miteinander verkehren, es wird die Kommunikation über E-Mail oder die indirekte über andere Personen bevorzugt. Meetings mit immer mehr Teilnehmern, die sich entschieden haben Ja-Sager oder Schweiger zu sein, weil Widerspruch unerwünscht ist oder ignoriert wird. Persönliche Kommunikation ist auf ein formelles, unvermeidliches Mindestmaß beschränkt. Was ungeklärt bleibt und sorgsam zugedeckt wird, gärt unter der Oberfläche weiter. Der latente Konflikt wird zum Dauerzustand. Mobbing unter Kollegen und auch zunehmend von Chef zu Mitarbeiter ist bereits ein breites Phänomen laut Mobbing-Report der Bundesanstalt für Arbeitsschutz und Arbeitsmedizin, 2002 (LOTTER 2004, S. 44). Dabei werden interpersonale Konflikte als tiefe persönliche Störung und Verletzung erlebt.

In Asien wird sehr darauf geachtet, dass in Konflikten jeder Beteiligte sein Gesicht wahren kann. Asiaten entscheiden sich in der Tendenz nicht sofort für eine Position, sind auf Ausgleich bedacht. Konflikte versucht man zu lösen, in dem man die goldene Mitte sucht. Im Westen ist das Ziel eher, den anderen für seine Sichtweise zu gewinnen, Kompromisse sind nicht das Ziel, sondern eine Notlösung. Um einen Konflikt auf anständige, den Eigenwert einer Person respektierende Art und Weise auszutragen, braucht es ein großes zwischenmenschliches Vermögen: Respekt, Offenheit, Mut, unangenehme Dinge anzusprechen und die Fähigkeit, die richtigen Worte dafür zu finden. Leistungserzeugung führt in Grenzbereichen immer zu Spannung. Dazu muss man miteinander reden, wenn auch heftig und leidenschaftlich. Konflikt ist pure Kommunikation.

8.3.4 Überzeugen und Durchsetzen

Nicht das Argument, sondern die Person überzeugt.

Friedrich Sieburg

Wenn junge Menschen in das Berufsleben eintreten, wird sehr oft Teamfähigkeit hoch bewertet. Die Aggressivität des jugendlichen Egos wird diszipliniert. Dann arbeiten sie einige Jahre, beherrschen ihre Aufgabe und passen sich an, empfehlen sich für höhere Aufgaben und werden nun konfrontiert mit der Anforderung der Durchsetzungsfähigkeit. Jetzt geht es darum, erfolgreich mit Geschäftspartnern zu verhandeln, Konflikte einer Abteilung aus dem Weg zu schaffen, sich gegenüber anderen Bereichen zu behaupten, für die angestrebte Position zu kämpfen, „Standing" zu zeigen. Durchsetzung als „soziale Kompetenz zur Realisierung von Zielen, eigenen Vorstellungen, Interessen, Bedürfnissen" bemisst sich am Handlungserfolg (Six 2000, S. 401). Durchsetzung als Persönlichkeitsdisposition setzt sich aus mehreren Merkmalen zusammen. Sie ist tendenziell bei handlungskompetenten, dominanten, selbstüberzeugten Menschen gut ausgeprägt. Durchsetzungsstrategien können mit oder ohne viel Überzeugungskunst angewendet werden, allerdings mit unterschiedlichem Effekt:

Beispiele für Durchsetzungsstrategien – ohne viel Überzeugungskunst – bei egoorientierten Menschen sind: logische Schwächen in der Argumentation des anderen aufzeigen, bei einer Weigerung Nachteile in Aussicht stellen, den anderen (durch Angriff) einschüchtern, den anderen taktisch erniedrigen, den anderen taktisch erhöhen, hartnäckig immer wieder auf das eigene Ziel zurückkommen. (Wortmann 1983, S. 402)

Zum Überzeugen braucht es darüber hinaus ein starkes Maß an sozialer Intelligenz. Die Überzeugungskomponente findet stärkeren Niederschlag bei folgenden Durchsetzungsstrategien: Nutzen für den anderen deutlich machen, persönliche Nähe zum anderen herstellen, einen für beide akzeptablen Lösungsvorschlag machen, aus der Position des anderen argumentieren. Andere für seine Sache zu gewinnen, braucht ausgeprägte zwischenmenschliche Qualitäten.

8.3.5 Integrität

Wann ich die größten Fehler bei der Auswahl meiner Mitarbeiter gemacht habe? Immer dann, wenn ich Intelligenz und Einsatzbereitschaft über die Moral gestellt habe.

W. Michael Blumenthal, früherer Chairman und CEO Unisys

Die eigentliche Problematik im Bereich des Zwischenmenschlichen ist die Zwiefalt von Sein und Scheinen (Buber 2002, S. 277f.). Wenn wir Menschen begegnen, berührt uns manchmal irgendetwas an der anderen Person, was uns vielleicht nicht echt erscheint. Dennoch ist es sehr schwer, es zu beschreiben. Manche legen so viel Wert auf die Wirkung, dass sie sich von sich selbst entfernen.

Es gibt Menschen, deren Leben davon bestimmt wird, was einer ist (Leben vom Wesen aus), und andere, deren Leben davon bestimmt wird, wie einer erscheinen will (Leben vom Bilde aus). Sicher gibt es viele Mischformen. Dennoch herrscht bei dem einen das Leben nach dem Wesen, beim anderen das Leben nach dem Bilde vor.

Was geschieht, wenn zwei Menschen miteinander in Kontakt treten, von denen der eine der Anlage nach dem ersten, der andere dem zweiten Typus zuzurechnen ist? Der Wesensmensch sieht den anderen an, spontan, unbefangen, will sich sicher verständlich machen, aber stellt nicht die Frage, welche Vorstellung der andere von ihm bekommen soll. Der andere Typus achtet darauf, eine Blickbeziehung herzustellen, die spontan und unbefangen wirken soll. Der Schein wirkt falsch und beeinträchtigt die zwischenmenschliche Qualität.

Wenn zwei Bildmenschen miteinander kommunizieren, ergeben sich folgende Konstruktionen:

- Es gibt A, wie er B erscheinen will und B, wie er A erscheinen will.
- Es gibt A, wie er B wirklich erscheint (B's Bild von A) und B, wie er A wirklich erscheint (A's Bild von B).
- A, wie er sich selbst erscheint und B, wie er sich selbst erscheint.
- Zu guter Letzt gibt es noch den leiblichen A und den leiblichen B.

„Zwei lebende Wesen und sechs gespenstische Scheingestalten, die sich in das Gespräch einmischen. Wo ist da noch Raum für die Echtheit des Zwischenmenschlichen!?" (Buber 2002, S. 279).

Im Bereich des Zwischenmenschlichen bedeutet Wahrheit, dass Menschen sich einander mitteilen als das, was sie sind, den anderen an ihren Gedanken teilnehmen lassen. Wo es Authentizität nicht gibt, kann auch das Menschliche nicht authentisch sein. Wer sich abhängig macht von den Bildern, die er in anderen hervorzubringen beabsichtigt, verliert die Aufrichtigkeit oder „Aufrechtheit“ (Buber 2002, S. 280). Dann ist Beziehungsqualität nicht mehr erreichbar. Aufrichtigkeit und Integrität ist die Grundlage des Vertrauens. Fehlt es, gibt es keine wirkliche Mitarbeiterführung und Geschäftsverhandlungen haben mindestens einen Verlierer. „Man muss meinen, was man sagt – und so handeln.“ (Malik 2000, S.144f.).

8.4 Woran sind zwischenmenschliche Fähigkeiten zu erkennen?

8.4.1 Familiäre Einflussfaktoren

Man kann einen Jungen aus dem Getto holen, aber nicht das Getto aus einem Jungen.

Trainer von Mike Tyson

Jeder Mensch hat seine individuelle Art zu leben und reagiert im Alltag immer wieder so, wie es typisch für ihn ist. Was typisch ist, zeigt sich nicht direkt. Die Persönlichkeit entwickelt sich zunächst aus dem genetischen Fundament. Dies lässt sich nicht aus Bewerbungsunterlagen herauslesen, und es braucht auch in der späteren Zusammenarbeit einige Zeit, darüber etwas herauszufinden. Mit Glück bekommt man erste Indizien zu Motivation oder Kognition aus der Bewerbungsunterlage geliefert. Für soziale Eigenschaften gibt der Lebenslauf selten substantielle Hinweise. Grundsätzlich gilt: Je jünger der Mensch, desto labiler, unbeständiger sind seine Wesenszüge. Im offiziellen Werdegang erscheint die Prägung sozialen Verhaltens für alle sehr ähnlich: Kindergarten, Schule, Ausbildung, Studium. Die Differenzierungen zwischen Bewerbern werden dabei nicht klar, zumindest nicht aus den vorgegebenen Informationen. Das Herausbilden sozialen Verhaltens geschieht viel stärker und nachhaltiger neben Schule, Ausbildung und Studium. Junge Menschen machen harte Erfahrungen mit den Wirkungen ihres Verhaltens auf andere, insbesondere in den ersten Beziehungen. Trotzdem sind die wenigsten in der Lage, ihre Wirkung auf andere zu beschreiben!

Wie offen und neugierig jemand die Welt erkundet, ist ein Aspekt sozialen Verhaltens, oder ob jemand bereits in jungen Jahren echte Verantwortung für andere Menschen tragen musste. Verantwortliches Handeln ist immer auch gewissenhaftes Handeln. Die Betonung liegt auf „echt“, weil in Lebensläufen schnell eine Pseudoverantwortung konstruiert wird. Irgendwie waren alle einmal Klassensprecher oder haben in der Familie Verantwortung übernommen. Doch Geld verdienen und Verantwortung lässt die Unbeschwertheit zurückgehen, die Selbstkontrolle steigt.

War jemand als Heranwachsender in der Lage, Kontakte zu knüpfen und hat diese Beziehungen möglicherweise durch Launen und mangelnde Rücksicht wieder aufs Spiel gesetzt? Es spielt eine Rolle, wo und wie ein Kind aufwächst, unter welchen Umständen, mit welcher Sprache, mit welchen Bekannten, mit welchen Vorbildern ein Mensch groß geworden ist. Es ist von Bedeutung, ob es Geschwister gibt, was die Eltern beruflich machen, ob es intensive Freizeitbeschäftigungen mit den Eltern gab und welche Rolle dies für die zu befragende Person spielt. Der familiäre Kontext spielt eine besondere Rolle bei der Sozialisation eines Menschen. Einflussfaktoren sind:

- Die Familienkonstellation (erstgeborenes, mittleres, jüngstes Kind, Einzelkind)
- Familienmotto
- Familienatmosphäre (autoritär, desinteressiert, leidensvoll, herabsetzend, motivierend, etc.)
- Erziehungsstile der Eltern
- Einstellung der Eltern zum Leben
- Erwartungen und Befürchtungen der Eltern
- Destruktive und konstruktive Grundbotschaften

Ein bemerkenswertes Beispiel, wie weit nachahmendes Verhalten gehen kann, ist die Geschichte des russischen Jungen Andrei Tolstych (WamS v. 8.8.04, S. 12): Der Junge war in einem kleinen Dorf in Sibirien nach drei Monaten von seinen alkoholkranken Eltern verlassen worden und bis zu seinem siebten Lebensjahr mit Hunden auf der Straße aufgewachsen, bis er von einem Sozialarbeiter gefunden wurde. Seine Verhaltensmerkmale: Er ging auf allen Vieren, beschnüffelte sein Essen, bevor er es verschlang, biss andere Menschen, war sehr misstrauisch, wachte bei Sonnenaufgang auf und ging bei Sonnenuntergang schlafen. Sicher werden sich durch den menschlichen Umgang viele Verhaltensweisen wieder verlieren, dennoch wird man diesen Menschen nie wirklich verstehen können, wenn man diesen Teil des Lebens nicht kennt.

Der Vater von Bill Gates, William Henry Gates sen., sagte einmal in einem Fernsehinterview: „Die Intelligenz bekommt man mit, aber ich glaube nicht, dass man mit einer Haltung geboren wird!“ Dinge aus der Sicht eines anderen zu betrachten, ist ein allgemeines Prinzip, das man von Kindesbeinen trainieren sollte. Selbst, wenn nicht jeder junge Mensch dadurch automatisch einfühlsam wird, lernt er, sich so zu verhalten, als sei er das. Auch das führt zu sozialer Akzeptanz (MARTIN 2004, S. 103).

8.4.2 Achtsamkeit im Gespräch

Das Eigentliche liegt im Nebensächlichen!

Hugo Kükelhaus,
deutscher Wahrnehmungspsychologe und Künstler

Wichtige Hinweise liefern häufig nicht die großen Worte, sondern die kleinen Gesten. Oft nimmt man nicht bewusst wahr, wie Menschen sich benehmen. Viele leben mit „weit geschlossenen Augen" (eyes wide shut) (VON STERN 2004, S. 20). Andererseits könnte die Eigenart, ununterbrochen zu überprüfen, ob alles, was es an Kleinigkeiten im Umfeld gibt, in unsere Wirklichkeit passt, sobald es einen persönlich betrifft, auf vorteilhafte Weise genutzt werden (WATZLAWICK 2003, S. 20).

Wenn jemand aufhört zu sprechen, wenn er das Gefühl hat, dass man selbst etwas sagen möchte oder zumindest reagiert, nimmt er den anderen wahr. Die Art der Begrüßung, der Handschlag, macht sicher einen Unterschied im Hinblick auf Anpassung, Zurückhaltung und Dominanz, Selbststärke. Die Sitzhaltung kann Hinweise geben, ob sich jemand eher formell, kontrolliert oder unbefangen verhält. Die Kleidung kann Indizien liefern auf Detailgenauigkeit, Kreativität, Kultiviertheit. Welchen Abstand jemand wählt bei der Begrüßung, gibt Hinweise auf das Einfühlungsvermögen. In jeder Kultur gibt es einen bestimmten Abstand, der „en face" eingehalten werden muss. Zu geringer Abstand führt zu Unbehagen, zu weiter Abstand vermittelt Distanz und Kälte (WATZLAWICK 2003, S. 12). Die Art und Weise, wie jemand mit den Worten „Danke“ und „Bitte“ umgeht, kann aufschlussreich sein. Diese beiden Worte sind Türöffner zum anderen Menschen: Ein aus tiefstem Herzen kommendes Danke ist ein Geschenk. Menschen, die sich oft und aufrichtig bedanken, erkennen die Bedeutung kleiner Gesten. Je höflicher ein Mensch ist, desto deutlicher bringt er zum Ausdruck, wie weit er in seiner Entwicklung gekommen ist. Höflichkeit erhöht. Manche Menschen gebrauchen diese Worte gar nicht, andere sehr häufig. Wer ungern bitte sagt, will sich nicht als Bittender erleben. Nicht bitten zu können, macht hart. Manchmal werden auch Komplimente abgewehrt. Damit erspart man sich das Bedanken.

Das Gesprächsverhalten gibt auch Hinweise zu Extraversion und Dominanz: Extravertierte zeichnen sich gegenüber Introvertierten dadurch aus, dass sie mehr Blickkontakt zeigen, mehr und länger sprechen und geringere räumliche Distanzen zum Gesprächspartner einnehmen. Ähnliche Muster gelten für hochdominante im Gegensatz zu niedrigdominanten Personen, wobei hochdominante Personen dazu tendieren, den Blickkontakt später abzubrechen als der Gesprächspartner. Sie „zwingen“ den anderen sozusagen mit den Augen nieder (Wallbott 1995, S. 398). Besonders ergiebig erscheint das mimische Ausdrucksverhalten, da es spezifische, emotionstypische Ausdrucksmuster gibt, die weitgehend universell sind (Ekman 1982).

Aus keinem dieser Indizien lässt sich die Wahrheit ableiten. Doch das Geschehen bewusster wahrnehmen, ist jedoch unabdingbar für eine spätere ausgewogene Einschätzung. Man muss sicher kein Experte für Körpersprache sein, wohl aber ein aufmerksamer Beobachter. Durch die Vielzahl von Hinweisen bilden sich die typischen Charakteristika heraus und das Verhalten einer Person wird verständlicher. Die genannten Hinweise entziehen sich in der Regel der kognitiven Kontrolle und sind deshalb durchaus wertvoll.

8.4.3 Vorbilder

Nachahmen ist Entwickeln in eine vorbildliche Lebensrichtung.

Albert Schweitzer

Ein weiterer Aspekt des angepassten Verhaltens von Menschen ist Kopieren, Imitieren, Nachahmen. Die Entwicklung von jungen Menschen, die in ihrer Persönlichkeit noch nicht gefestigt sind, wird erheblich durch nachahmendes Verhalten beeinflusst. Wenn Menschen angeben können, welche Personen aus dem Umfeld dauerhaft starken Einfluss auf sie ausgeübt haben, haben wir eine weitere Möglichkeit, darüber auch Verhaltensmerkmale des Gesprächspartners kennen zu lernen.

Im Unternehmen sind die Führungskräfte Vorbilder, ob sie wollen oder nicht. Ein junger Mensch, der ambitioniert in das Berufsleben einsteigt, hat noch keine eigene Vorstellung davon, was Berufsleben heißt. Das Bild, das in den ersten Berufsjahren in einem Menschen entsteht, dient oft ein Berufsleben lang als Vergleichsfolie. Die berufliche Sozialisation findet in dieser Anfangszeit statt. Die gilt auch und vor allem für das Verständnis von Führung. Manche kopieren geradezu die in dieser Phase erlebte Führungskraft bis zum Kleidungsstil oder dem Habitus – im Guten wie im Schlechten. Eine geeignete Frage ist: Von wem haben Sie in diesem oder in vorigen Unternehmen was gelernt? Erst später entwickelt sich durch Zugaben der eigenen Erfahrung und Eigenschaften ein persönlicher Stil.

8.4.4 Überprüfen von Schein und Sein

... wenn das Lachen im Gesicht erfriert

Aussage einer Fotografin,
wie sie Echtheit von Unechtheit unterscheidet

Es gibt Menschen, bei denen im Laufe eines Gesprächs ein unterschwelliger Eindruck entsteht, dass sie nicht authentisch wirken, dass sie uns etwas vorspielen, dass sie in Wirklichkeit anders sind. Beispielsweise werden häufig autoritäre oder aggressive Züge unterdrückt. Keiner will, dass der neue Mitarbeiter oder die neue Führungskraft anderen gegenüber rücksichtslos, nicht teamfähig ist. So verhalten sich Bewerber, Mitarbeiter und Führungskräfte nach diesem erwünschten Verhalten, stellen aber dieses Verhalten bei entsprechenden Drucksituationen um. Andere liefern ein „Bild", indem sie nach dem Mund reden, sich auf fast unterwürfige Art und Weise bedanken. Sollte ein solcher Eindruck sich im Laufe eines Gesprächs verstärken, darf er auf keinen Fall ignoriert werden.

Häufig spürt man dies intensiv, insbesondere Frauen haben dieses Gespür. Gerade wenn wir den Eindruck gewinnen, dass uns etwas vorgespielt wird, scheitern Fragenkataloge oder vorbereitete Fragen. Das Überprüfen von Schein und Sein beginnt deshalb bereits bei der Bewerbungsunterlage. Wenn alle möglichen Nachweise über den Besuch von Seminaren, Veranstaltungen beigefügt sind und beispielsweise Referenzen im Anschreiben angegeben sind, sollte man sorgfältig darauf achten, dass auch Fähigkeits- und Fertigkeitspotenziale ausgemacht werden.

Wenn eine Person möglicherweise vorhandene autoritäre Züge durch betonte Freundlichkeit und Teamorientierung zu überspielen versucht, könnte man z. B. das Entscheidungsverhalten hinterfragen.

Das Prinzip des Nachfragens und Hinterfragens führt, wenn Schein und Sein nicht übereinstimmen, zwangsläufig zu Widersprüchen und Sackgassen. Auf diese Weise entlarvt sich scheinhaftes Verhalten von selbst.

8.4.5 Der Grad an Egoismus

Wer über die anderen hinausstreben will, kann sein Moralempfinden nicht voll entwickeln.

Friedrich Nietzsche

Ich bin zwei Monologe, sagte der Dialog!

So sehr die Ichbezogenheit die motivationalen Potenziale unterstreicht, so sehr gefährdet sie die zwischenmenschlichen Qualitäten. Je mehr Ego, desto weniger Beziehung. Manfred Kets (2004) von der Eliteuniversität Insead, hat sich stark mit dem Typus des Managers beschäftigt und psychodynamisch untersucht, wie Manager unter anderem mit eigenen und fremden Bedürfnissen umgehen. Viele verhalten sich selbstgerecht und arrogant, ignorieren Ratschläge, haben ein hohes Bedürfnis nach Bewunderung und, wenn sie es bekommen, empfinden sie sich umso mehr als unbesiegbar. Stark selbstbezogene Menschen reden lieber, als dass sie zuhören. Sie stellen anderen Menschen ungern Fragen, es interessiert sie im Grunde auch nicht. Oder sie stellen Fragen, aber fragen nicht nach der Meinung der anderen, mit anderen Worten: Sie holen Informationen ein. Beispiele werden wöchentlich in den politischen Talk-Shows mit einem ausgewählten Kreis von egozentrierten Menschen geliefert. Dort wird oft weder eine Frage konkret beantwortet, noch dem Gesprächspartnern zugehört, sondern ständig unterbrochen, Argumente werden wiederholt. Einige versuchen den anderen mit Lautstärke zu besiegen.

Je stärker es einer Person um sich geht oder eine Sache von persönlicher Bedeutung ist, desto mehr Worte werden gemacht, es wird weit ausgeholt und dramatisiert. Dabei sind rhetorische und stilistische Merkmale von nicht zu unterschätzender Bedeutung (NORTEN 1983, S. 403). Eher geringe Latenzzeiten beim Antwortverhalten, flüssiger Redestil, angemessene Lautstärke und Festigkeit, bei kontrollierter Mimik und Gestik sind nachweislich von Bedeutung für stärkeren Durchsatz (RAKOS 1986). Auch die Wiederholung bereits gemachter Aussagen führt in der Regel zu einer höheren Akzeptanz der Aussagen (PERLOFF & BROCK 1980). Ichbezogene Menschen gewinnen mit zunehmendem Alter an Toleranz und Rücksicht und werden tendenziell umgänglicher.

8.4.6 Die Waage von Leistung und Menschlichkeit

Erfolg = Menschlichkeit + Professionalität
Erfolg = Humanität + Effektivität

Das Erzeugen von Spitzenleistungen hat einmal mit dem Erreichen von Resultaten, Ergebnissen, mit Output zu tun. Hier spielen Ehrgeiz, Ego, motivationale Aspekte eine dominierende Rolle. Zum anderen zeigt sich, je weiter man im Berufsleben voranschreitet, wie wichtig die menschliche Kompetenz ist. Leistung mit anderen oder besser durch andere Menschen braucht, wenn sie nicht allein machtbegründet ist, die Menschlichkeit.

Um über beides mit dem Gesprächspartner nachzudenken, hilft es, sich beruflichen Erfolg, gute Ergebnisse im Modell einer Waage vorzustellen. Bei auf Ergebnis und Leistung konditionierten Menschen muss man sich nicht um Ergebnisse sorgen. Sie werden auf jeden Fall etwas bewegen. Vielleicht schießen sie manchmal aber über das Ziel hinaus, lassen manches Gefühl von anderen Menschen auf der Wegstrecke liegen. Sie sind oft keine Sozialtalente. Deshalb muss man die Waagschale der Zwischenmenschlichkeit stärker beobachten.

Bei auf Harmonie und Ausgleich bedachten Menschen muss man sich nicht darum kümmern, ob genügend Verständnis für andere vorhanden ist. Dieser Typ würde eher auf zwanzig Prozent eines Ergebnisses verzichten, wenn dadurch alle „im Boot" sind. Hier muss man eher beobachten, welche Qualität die Resultate wirklich haben.

Die Hypothese ist, dass jeder Mensch aus einer der beiden Richtungen in das Berufsleben kommt. Wie der Mensch sozialisiert ist, aus welcher Richtung er kommt, kann entscheidende Hinweise für dessen Verständnis liefern. Das Bild der Waage ist eine gute Gesprächshilfe, mit der man für die eine wie die andere Seite Argumente erarbeiten kann.

Abb. 13: Die Waage von Leistung und Menschlichkeit

8.4.7 Selbsteinschätzung über das Riemann-Thomann-Kreuz

Hinter den vier Grundformen der Angst stehen allgemein-menschliche Probleme, mit denen wir uns alle auseinandersetzen müssen.

Fritz Riemann

Der Einsatz von Modellen verändert eine Gesprächssituation auf eine anregende Art und Weise. Das gilt im gut geführten Mitarbeitergespräch genauso wie in einem Bewerbergespräch. Dadurch, dass man in der Regel etwas auf Papier zeichnet, verändert sich die Sitzhaltung, eine andere Position wird eingenommen, vielleicht auch eine andere Perspektive. Eine Möglichkeit ist, sich bei Modellen aus der Psychologie zu bedienen.

Das Riemann-Thomann-Kreuz (THOMANN/SCHULZ VON THUN 2003, S. 173f.) unterscheidet vier Grundstrebungen, die für die meisten Menschen mehr oder weniger zutreffen. Danach nimmt jeder Mensch eine Position zwischen den Polen Nähe-Distanz und Dauer-Wechsel ein. Die vier Grundformen der Angst, die der Psychologe FRITZ RIEMANN (1961) herausgearbeitet hat, erlauben nicht nur eine Analyse der persönlichen Disposition, sondern geben auch wichtige Hinweise auf die Entwicklungsmöglichkeiten einer Person.

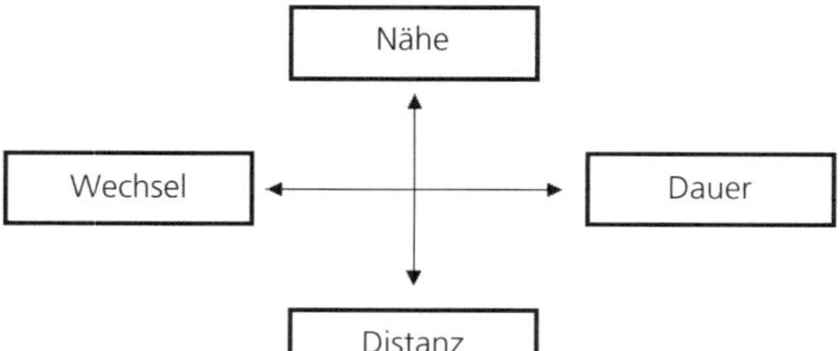

Quelle: Thomann/Schulz von Thun (2003)

Abb. 14: Das Riemann-Thomann-Kreuz

- *Distanz:*
  Distanzmenschen versachlichen menschliche Beziehungen, scheuen Begegnungen mit einem Einzelnen, fühlen sich wohler in anonymen Gruppen. Sie wirken oft fern, kühl, unnahbar, unpersönlich und schwer ansprechbar. Gefühle, Zuneigung werden als gefährlich erlebt. Es entstehen Lücken in der Erfahrung mit der Umwelt, Unsicherheiten im menschlichen Umgang. Zur besseren Orientierung entwickeln sie Fähigkeiten: den erkennenden Intellekt, das Bewusstsein, die Ratio, kritisch-unbestechlicher Blick für Tatsachen, scharfe Beobachtungsgabe. Distanzmenschen fällt es nicht schwer, sachlich in Auseinandersetzung zu gehen, in interpersonalen Konflikten sind sie oft hilflos, was oft zu unangemessen milden oder scharfen Lösungen führt.

- *Nähe:*
  Nähemenschen idealisieren andere. Sie sehen über Schwächen hinweg, unterdrücken Zweifel und Kritik, werden leicht ausgenutzt und haben oft naive und kindliche Züge. Sie sind eher harmonieorientiert, scheuen zwischenmenschliche Konflikte. Das Gefühl und das Verständnis für andere überlagert oft den Sachverhalt. Sie haben Geduld, können nicht fordern, sich etwas nehmen und oft auch nicht gesund aggressiv sein.

- *Wechsel:*
  Wechselmenschen lieben alles, was ihr Selbstwertgefühl zu steigern vermag, sind eher auf Personen als auf Sachen bezogen. Sie reagieren elastisch auf den Augenblick, sind kontaktfreudig. Sie haben Freude am Wagnis, wollen Neues kennen lernen. Geduld ist eine schwere Übung für sie, Warten unerträglich. Sie sind schwer zu fassen, spielen ständig, fordern viel, ohne selbst viel zu geben. Sie haben oft unscheinbare Partner. Sie geben kein rechtes Handwerkszeug mit, wenig vernünftig tragende Erfahrungen. Sie sind spontan und es fällt ihnen leicht, Entscheidungen zu treffen oder zu revidieren.

- *Dauer:*
  Dauermenschen wollen alles beim Alten lassen, sie kämpfen gegen Veränderungen, suchen Sicherheit. Machttrieb, Pedanterie, Starre können hervortreten. Sie halten Reserven, sind sparsam. Der Partner muss funktionieren. Sie möchten anderen gerne vorschreiben, wie sie zu sein haben. Sie kommen besser mit Beziehungsmustern klar, die oben und unten definieren, Kompromisse fallen ihnen schwer. Sie denken in Schwarz-Weiß-Kategorien. Es sind verlässliche, gewissenhafte Menschen, die Kontinuität der Veränderung vorziehen.

Der Einsatz dieses Modells hängt natürlich davon ab, dass sich der Nutzer damit beschäftigt hat. Die Auseinandersetzung damit lohnt, weil es das Grundverständnis von sich selbst und anderen Menschen erhöht. Mit einer kurzen Erläuterung wird der Gesprächspartner gebeten, sich einzuschätzen und Beispiele zu finden, es zu begründen. Oft ergibt sich ein intensives Gespräch, in dem beide Gesprächspartner angeregt werden, über sich weiter zu reflektieren.

8.4.8 Der Predictive Index

Und da waren drei Männer, die den Weg hinab gingen, als er den Weg hinab ging. Der Mann ... den er sah, der Mann ... der er war, und der Mann ... der er sein wollte.

John Masefield, amerikanischer Dichter

Mit dem Predictive Index (PI) soll beispielhaft ein Verfahren vorgestellt werden, welches sich ergänzend und absichernd zu eigenen Beobachtungen intern wie auch bei externer Personalauswahl einsetzen lässt. Beim Erkennen von Verhaltensdispositionen kommt man im Gespräch an Grenzen, zum einen weil tendenziell sozial erwünschtes Verhalten gezeigt wird und natürlich zum anderen, weil jeder mit den Einflüssen seines eigenen Werte- und Normensystems lebt. Das Verhalten einer Person wird nur rudimentär und ausschnittsweise erlebt. Der Predictive Index liefert demgegenüber wertvolle Hinweise für Verhaltensweisen, die im Laufe der Zeit zu beständigen Gewohnheiten geworden sind. Er hilft zu verstehen, was die individuellen Bedürfnisse eines anderen sind.

Als Merkmalsklassifikation ist er praktisch einsetzbar und gewinnend in ein Gespräch zu integrieren. Der Predictive Index ist ein Freiwahl-Inventar von Adjektiven zur objektivierenden Erfassung von arbeitsbezogenem Verhalten, Potenzial, Motivation und Arbeitszufriedenheit. Er unterscheidet zwischen dem natürlichen Verhalten, dem Rollenverhalten und dem Leistungsverhalten und misst vier Primärfaktoren, die inhaltlich den beschriebenen zentralen Eigenschaften von Menschen entsprechen:

- *Dominanz:*
  Der Antrieb, Einfluss auf andere Personen oder auf Ereignisse auszuüben.

- *Extraversion:*
  Der Antrieb nach sozialer Interaktion mit anderen Menschen.

- *Geduld/Ungeduld:*
  Das Maß an Anspannung, den Sinn für Dringlichkeit.

- *Formalität:*
  Der Antrieb nach Übereinstimmung mit formalen Richtlinien und Strukturen.

PI

THE PREDICTIVE INDEX®

Serie IV
German

Seite 1

Name:______________________________ Datum:________________

Beruf:____

ANWEISUNG: Bitte lesen Sie die unten angeführten Worte und kreuzen Sie diejenigen an, von denen Sie glauben, dass sie **Ihr Verhalten so beschreiben, wie es von Ihnen erwartet wird.**

Hilfsbereit ☐	Angesehen ☐	Ruhig ☐
Entspannt ☐	Besorgt ☐	Populär ☐
Anregend ☐	Sentimental ☐	Höflich ☐
Zuversichtlich ☐	Abenteuerlich ☐	Dynamisch ☐
Geduldig ☐	Lässig ☐	Gut gelaunt ☐
Gewissenhaft ☐	Anspruchslos ☐	Wirklichkeitsflüchtig ☐
Raffiniert ☐	Gesellig ☐	Grosszügig ☐
Beharrlich ☐	Angenehm ☐	Bescheiden ☐
Ernst ☐	Beliebt ☐	Verwegen ☐
Hervortretend ☐	Fügsam ☐	Tolerant ☐
Anteilnehmend ☐	Anspruchsvoll ☐	Nett ☐
Loyal ☐	Wohltätig ☐	Anspornend ☐
Initiativ ☐	Überredend ☐	Entschlossen ☐
Konventionell ☐	Vorsichtig ☐	Friedfertig ☐
Redegewandt ☐	Zufrieden ☐	Kultiviert ☐
Zynisch ☐	Verständnisvoll ☐	Dominierend ☐
Passiv ☐	Temperamentvoll ☐	Respektvoll ☐
Sanft ☐	Sympathisch ☐	Ungezwungen ☐
Mutig ☐	Gehorsam ☐	Flexibel ☐
Ansprechend ☐	Fröhlich ☐	Anziehend ☐
Rücksichtsvoll ☐	Eigensinnig ☐	Vertrauend ☐
Selbstsicher ☐	Überzeugend ☐	Eifrig ☐
Beständig ☐	Aufgeschlossen ☐	Scheu ☐
Wetteifernd ☐	Umgänglich ☐	Pedantisch ☐
Zeitgemäss ☐	Egoistisch ☐	Vielseitig ☐
Ordentlich ☐	Reserviert ☐	Freundlich ☐
Wagemutig ☐	Ernsthaft ☐	Diplomatisch ☐
Geschliffen ☐	Ausdauernd ☐	Egozentrisch ☐
Furchtsam ☐		Konsequent ☐

©Copyright 1979, 1980, 1994 by Arnold S. Daniels. All rights reserved, including the right to reproduce this form or any part thereof in any manner.

FORTSETZUNG auf der nächsten Seite.
05/98

© 1979, 1980, 1994 by Arnold S. Daniels. Abdruck mit freundlicher Genehmigung.

Abb. 15: Checkliste Predictive Index, Seite 1.

Praktisch ist, dass die Durchführung kaum mehr als zehn Minuten braucht. Es ist kein Leistungstest, der maximales Verhalten zu erfassen beabsichtigt, sondern ein Persönlichkeitstest, der das typische Verhalten erfassen will (vgl. SARGES, WOTTAWA 2004, S. 637-642). Obwohl er, 1955 von Amerika ausgehend, in Europa und Asien bereits seit fünfunddreißig Jahren im Einsatz ist, ist er in Deutschland noch weitgehend unbekannt. Es ist trotz der Kürze ein gut fundiertes, wissenschaftlich abgesichertes Verfahren, aufgebaut aus den Erkenntnissen zur Eigenschaftsdiagnostik. Es erzeugt keine Typologien, die stets wieder nur einen Teil des Individuums erfassen, sondern liefert gekoppelt mit der Biografie einer Person oft wertvolle Hinweise zur individuellen Charakteristik einer Person.

Zusätzlich gibt es ein Aufgabenmuster (Performance Requirement Options PRO), in dem die subjektiven Vorstellungen und Anforderungen der Entscheider aufgenommen werden. Damit kann das Verhalten einer Person in Bezug auf die spezifischen Verhaltensanforderungen einer Stelle eingeschätzt und verglichen werden (siehe S. 158).

Das Verfahren kann von Personalern wie von Führungskräften genutzt werden und ist sowohl bei internen Potenzialanalysen, für die Persönlichkeitsentwicklung als auch für die Personalauswahl geeignet. Das Adjektiv-Inventar existiert in über sechzig Sprachen. Weil es ein Reiz-Reaktionsverfahren ist, sollte es auf jeden Fall in der Muttersprache ausgefüllt werden. Der Predictive Index kann leicht internetbasiert genutzt werden (PERRY & LAVORI 1983, SARGES 2005).

8.5 Ergänzendes zur internen Potenzialerkennung

Ein Unternehmen ist ein Ort sozialer Begegnung. Die Einschätzung von Verhaltenseigenschaften wird in einer Organisation von vielen Faktoren beeinflusst. Ein Aspekt ist, dass Mitarbeiter in ihrem Wert häufig weniger nach dem Leistungsbeitrag bemessen werden, sondern nach ihrem Beitrag für die soziale Gruppe. Dazu hilft es elementar, die sozialen Spielregeln in einem Unternehmen zu kennen.

Eine besondere Phase ist stets der Start eines Mitarbeiters in einem neuen Umfeld. Diese Phase ist immer von sozialer Unsicherheit begleitet, die Verhaltensregeln sind noch nicht bekannt. Probezeitkündigungen haben oft verhaltensbedingte Gründe. Ein neuer Kollege, der die Erwartungen, Interessen und Empfindlichkeiten der Menschen in seinem beruflichen Umfeld achtet, fördert nicht nur in hohem Maße seine Integration, sondern zeigt auch sein Talent im Umgang mit anderen Menschen, sucht den Kontakt zu möglichst vielen Kollegen. Oft ist zu beobachten, dass sich Neue mit aller Kraft in ihr neues Tätigkeitsfeld einarbeiten wollen. Aus der Sicht anderer wird dies schnell als ein „Verbarrikadieren" wahrgenommen. Bietet der neue Kollege Hilfe an, macht er sich nützlich, indem er Tätigkeiten übernimmt, die unattraktiv sind, aber gemacht werden müssen? Hält er sich zurück bei Konflikten und mit Bewertungen über Kollegen? Erzählt er umgekehrt über seine Besonderheiten, damit andere seine Geschichte nachvollziehen können, aber stellt seine Kompetenzen nicht in den Vordergrund? Legt er Wert auf die Regeln der Höflichkeit, des Anstands und der fairen Zusammenarbeit, selbst wenn er Gegenteiliges erlebt? Dann wird es schnell eine hohe soziale Akzeptanz geben. Umgekehrt gibt es manchen langjährigen Mitarbeiter, der weiß, wie „der Hase läuft", nichts mehr zu befürchten hat und sich auch so benimmt. Wer sich dennoch wie oben beschrieben verhält, zeigt hohe soziale Kompetenz.

Ein zweiter Aspekt ist, dass in einer Organisation Status verliehen wird. Dies verstärkt die Neigung zu angepasstem Verhalten. Die meisten Menschen schätzen Konformität höher als Kontroversität (OFFERMANN 2004, S. 109). Der Druck zur Anpassung steigt, je einiger sich die Menschen in ihrem Umfeld geben. Diese Mechanismen führen oft zu einschmeichelndem Verhalten nach oben – viele Führungskräfte sind anfällig dafür. Ein Indiz für eine solche Tendenz ist der Grad des Widerspruchs, den eine Führungskraft noch erlebt. Wenn es keinen mehr gibt, ist die Aufrichtigkeit verloren.

Ein dritter Aspekt ergibt sich aus dem „Vertraulichkeitswettbewerb", als der sich das Miteinander-in-Beziehung-Stehen heute oft darstellt. Oft ist nicht klar, ob es sich um eine Kollegenbeziehung handelt oder eine Freundschaft. In einem solchen Milieu ist die Gefahr, wechselseitig milde zu sein, sehr groß. Wenn ein Auge zugedrückt wird, wird manches übersehen. Wenn Einschätzungen über andere Mitarbeiter abgegeben werden, hört man eher auf den freundschaftlichen Rat. Kritische Punkte untereinander werden ausgeklammert, erforderliche Klärungen nicht herbeigeführt. Das Trügerische ist, dass es sich in der Regel um Pseudofreundschaften handelt. Ein wirklicher Freund ist der, der oft die kritischsten Anmerkungen macht! Wenn Menschen am Ende ihrer beruflichen Karriere Abschied nehmen, wird eine große Abschiedsfeier ausgerichtet. Danach wundern sich viele, dass keiner mehr anruft. Das liegt daran, sagt JUDITH MARTIN (2004, S. 102), die Expertin für Umgangsformen, dass es „Ihre Kollegen sind, nicht Ihre Freunde – und es im Übrigen auch nie waren". Als Hinterlassenschaft bleiben dem Unternehmen unter anderem viele zweifelhafte Personalentscheidungen.

Ein vierter Aspekt in der internen Potenzialerkennung ist, dass oft aus dem erlebten Leistungsverhalten in der aktuellen Position direkt auf die Eignung in der nächsthöheren Funktion geschlossen wird. Leider wird dabei schnell übersehen, dass notwendige Fähigkeiten in der jetzigen Aufgabe gar nicht gefordert oder trainiert werden und deshalb aus der Aufgabenerfüllung heraus nicht abgeleitet werden können. Dies gilt z. B. für das Entscheidungsverhalten einer Person. In den ersten Berufsfunktionen trägt man in der Regel keine wirkliche Verantwortung, hat wenig allein zu entscheiden. Man hat eine Aufgabe übertragen bekommen. Durchsetzungsfähigkeiten lassen sich deshalb oft nicht ableiten. Doch Überzeugungs- und Durchsetzungsvermögen spielen in weiterführenden Positionen, wo entschieden werden muss, eine große Rolle. Dass eine schwache Überzeugungskraft nicht sofort als Defizit offensichtlich wird, liegt an der hierarchischen Organisation im Unternehmen: Die Bitte der Führungskraft kommt beim Mitarbeiter als Befehl an. Wenn man sich mit Kollegen aus anderen Fachbereichen nicht einigt, wird das Problem nach oben delegiert! Wenn dann doch Durchsetzung gefragt ist, handelt es sich tendenziell um sachliche Auseinandersetzungen. Nun gibt es viele Menschen, die durchaus in eine sachliche konfrontative Argumentation gehen können. Später braucht man jedoch insbesondere die Fähigkeit, interpersonale Konflikte anzusprechen und zu lösen. Es gibt nur wenige Menschen, die bereits in den ersten Berufsjahren gut damit umgehen können.

In der Zusammenarbeit mit Mitarbeitern kann man dazu eher zufällig und wie nebenbei Beobachtungen machen. Wichtig ist auch, aufmerksam zu sein, wie im Kreis der Mitarbeiter über andere Teammitglieder geredet wird. Es kommt oft vor, dass Mitarbeiter, die bei der Arbeit nicht besonders auffallen, im Team eine zentrale Rolle spielen. Wer sind die informellen Führer des Teams, mit wem besprechen sich die Mitarbeiter untereinander, wer tut viel für gemeinsame Aktivitäten? Antworten auf diese Fragen geben Hinweise auf zwischenmenschliche Fähigkeiten.

Zusammenfassung

Die zentrale Frage ist: Was soll man bei einer anderen Person beurteilen?

Wer sich auf Patentrezepte einlässt, sich mit Formalien rettet, beruhigt sich, ohne mehr zu erreichen. Das Erkennen von Fähigkeiten und Talenten wird leichter, wenn man eine Blickrichtung hat. Auch hier wirkt die selektive Wahrnehmung. Dann werden Beobachtungen gemacht, die ansonsten nicht registriert worden wären. Wenn wir ein Auto kaufen wollen, haben wir ein bestimmtes Modell „im Auge" und plötzlich sehen wir es überall und fällt uns jede Besonderheit auf. Was das Modell, die Farbe, die Ausstattung, die Technik beim Autokauf ist, können in der Potenzialdiagnostik die Eigenschaften sein.

Kopf

Für eine Erfolg versprechende berufliche Entwicklung braucht es ausgeprägtes Denkvermögen. In unserer heutigen komplizierten Welt brauchen Menschen Überblick und Weitblick, um sich darin zurechtzufinden. Dafür hilft die Fähigkeit, zu analysieren und sich eine Vorstellung zu bilden, was sein wird. „Es muss mehr gedacht werden" (Simon 2004, S. 108). Die Minuten auf dem Weg zum Konferenzraum reichen dafür nicht aus.

Bauch

Das konzentrierteste Nachdenken und Vordenken hilft nicht weiter, wenn nicht gehandelt wird. Die Handlungsorientierung ist absolut grundlegend für jedwede erfolgreiche Tätigkeit. Um etwas zu bewegen, braucht es Aktivität, eine Zielrichtung, um es richtig zu machen, Intensität und Konzentration, und um es tatsächlich zum Ziel zu bringen, Ausdauer. Wer die motivationalen Voraussetzungen nicht beachtet, wird niemals die richtigen Mitarbeiter haben und sie werden es auch über die Zeit nicht werden. Wenn Menschen an ihr Leistungsoptimum geführt werden sollen, bleiben Grenzberührungen nicht aus. Die Balance zu halten, Mitarbeiter wirklich zu fordern und dennoch menschlich mit ihnen umzugehen, ist eine ständige Herausforderung.

Herz
Mit zwischenmenschlichen Qualitäten kann ein Mensch zu seinem Besten geführt werden. Der Mensch ist ein soziales Wesen, braucht andere Menschen zum Leben. Die Bildung von zwischenmenschlichen Fähigkeiten ist heute Nebensache geworden, die Institutionen, in denen sie gebildet werden könnten, verlieren an Bedeutung: Familie, Kirche, Schule. Dabei gibt es ohne Integrität kein Vertrauen in eine geschäftliche Beziehung. Sie klar zu identifizieren ist schwer, weil Menschen in unterschiedlichen Situationen sich unterschiedlich verhalten können. Das täglich Erlebte wird zur Erfahrung und prägt den weiteren Charakter mit. Um zu verstehen, warum ein Mensch so ist, wie er ist, hilft es, einen Eindruck zu bekommen, von woher er kommt.

Um über all diese Fähigkeiten einen Eindruck zu gewinnen, sollte man sich über eine Vielzahl von Hinweisen einer Person systematisch annähern. Mathematische Genauigkeit gibt es hier nicht, wohl aber plausible Schlussfolgerungen, sich verdichtende Hypothesen.

IV Die vierte Dimension: Beurteilungs-instrumente

9 Anforderungsprofile

Zu Beginn einer Stellenbesetzung sollte ein Anforderungsprofil erarbeitet werden. Doch gilt die Annahme, dass, je genauer und methodisch sauberer das Profil erstellt wird, desto leichter die Suche und Besetzung wird? (SCHULER 2002, S. 128f.). In der Praxis wird zumeist eine mehr oder weniger konkrete Beschreibung der Stelle vorgenommen, werden die fachlichen Qualifikationen und einige Persönlichkeitsmerkmale festgelegt. Tatsächlich ist häufig am Ende eines Bewerbungsverfahrens festzustellen, dass Kandidaten, die das fachliche Profil sehr gut erfüllen, am Ende doch abgelehnt werden, weil das Vertrauen in die persönlichen Fähigkeiten nicht stark genug ist. Andererseits werden Kandidaten zu Favoriten, die aufgrund des zuvor definierten Suchprofils eigentlich nicht in Frage kommen.

Das Erstellen eines Suchprofils regt zum stärkeren Nachdenken über die zu besetzende Stelle an, Klarheit schafft es oft nicht. Im Grunde eine realistische Situation: Wir stellen uns einen „Traumpartner“ vor, und es kommt doch anders. Hilfreicher ist zu Beginn dieser Diskussion wohl eher die Annahme: Ich weiß nicht wirklich, wen ich suche.

Fachliche Bestandteile werden in der Regel zu Beginn der Suche überschätzt. Der fachliche Vorsprung verringert sich später in den meisten Funktionen schnell. Die enge Orientierung am fachlichen Profil schränkt naturgemäß den Fokus stark ein. Wenn man vorgibt, einen „Fachidioten“ zu brauchen, kann es sein, dass man einen bekommt. Bei persönlichen, berufsspezifischen Erfolgskriterien greift man in der Regel auf die eigene Erfahrung zurück. Es handelt sich hier um ein unbestimmtes Ziel, ähnlich dem Schachspieler, dessen Ziel das Schachmatt ist. Er kann aber nicht sagen, wie die Stellung der

Figuren am Ende konkret aussieht (Dörner 1991, S. 80). Er kann aber Bedingungen beschreiben, unter denen die Erfolgswahrscheinlichkeit maximal ansteigt (Kriterium der maximalen Effizienz/Divergenz) (Oesterreich 1981). Ausgehend von der Grundposition: „Ich weiß nicht wirklich, was ich will", bieten sich mehrere Herangehensweisen an, das Anforderungsprofil angemessen zu konkretisieren:

- Methode der kritischen Ereignisse (Critical Incidents Technique)
- Beschreibung von bereits erfolgreichen Stelleninhabern (Repertory Grid)
- Konkretisieren über Alternativfragen (Erratenstechnik)
- Nutzung des PRO zur Erfassung der Vorstellungen des Entscheiders

Welche Methodik auch bevorzugt wird: Sie liefert nur eine erste Annäherung an ein optimales Ergebnis. Man braucht im folgenden Beurteilungsprozess Spielraum, die Vorstellungen anzupassen oder auch verwerfen zu können. Die Erkenntnis wird mit dem Kennenlernen der Kandidaten wachsen. Heute bestehen in praktisch allen qualifizierten Tätigkeiten erhebliche Handlungsspielräume. Positionen können mit sehr unterschiedlichen Persönlichkeitstypen erfolgreich ausgefüllt werden. Das gilt im Spitzensport genauso wie in der Politik oder im Wirtschaftsleben. Eine Besetzung ist heute auch keine Besetzung mehr für das Leben. Keiner verbleibt ein Berufsleben lang auf der Position, für die er eingestellt wird. Auf Dauer wird es immer die Persönlichkeit sein, die den Unterschied macht.

9.1 Methode der kritischen Ereignisse (Critical Incidents Technique)

Diese Methode wurde von FLANAGAN (1954) entwickelt, um Informationen über besonders effektives Arbeitsverhalten zu gewinnen (JETTER 1996, S. 55, SCHULER 2002, S. 136f.). Gibt es wiederkehrende Ereignisse, Aufgaben, Situationen, in denen es ganz besonders darauf ankommt, gut zu sein? Was sind die erfolgskritischen Situationen einer Funktion? Wenn ein Sportler erfolgreich sein will, braucht er entsprechende fachliche Voraussetzungen: Der Segler muss mit einem Boot umgehen können, der Reiter braucht großes Pferdeverständnis, der Sumo-Ringer braucht Körpermasse. Von allen Sportlern wird nur der erfolgreich sein, der sich im Wettkampf besonders konzentrieren kann, Belastungen aushält, überraschende Strategien entwickelt und überdies gut trainiert ist. Woran entscheidet sich beim Controller, Marketingmanager, Personaler, Finanzexperten, IT-Spezialisten, ob einer erstklassig oder durchschnittlich ist?

Mit der Critical Incidents Technique beschreiben Stelleninhaber und Vorgesetzte kritische Ereignisse der zu besetzenden Position. Dann werden die Verhaltensweisen abgeleitet und beschrieben, die zur erfolgreichen Bewältigung dieser erfolgskritischen Ereignisse erforderlich sind. Schlussfolgernd hat man Anforderungen bzw. Eigenschaften, die vom zukünftigen Stelleinhaber gefordert werden.

Die Methode der kritischen Ereignisse hilft, sich die neu zu besetzende Aufgabe klarer zu machen und zu definieren, worauf es insbesondere ankommt. Allerdings steht die Hypothese dahinter, dass es eben erfolgsdefinierende Ereignisse gibt, vergleichbar den Wettkämpfen einer Sportlerlaufbahn. Diese müssen tatsächlich auch repräsentativ für eine erfolgreiche Bewältigung der Aufgabe sein. Im täglichen Berufsleben allerdings gibt es allerdings viele Aufgaben, bei denen es einfach darum geht, kontinuierlich über lange Zeit zuverlässig und gewissenhaft zu arbeiten.

Die erfolgskritischen Variablen bei Führungskräften und Managern sind nicht so unterschiedlich, als dass bei jeder neuen Besetzung neue Anforderungen entstehen (MALIK 2001). Das soll aber nicht heißen, dass das Anforderungsprofil des Geschäftsführers einer europäischen Tochtergesellschaft für die Auswahl des Leiters einer im Aufbau begriffenen Gesellschaft in China einfach übernommen werden kann. Hier geht es nicht nur um stellenspezifische, sondern auch um kulturelle Unterschiede, die entsprechend gewertet werden müssen.

Kommt es beim Marketingmanager wirklich hauptsächlich darauf an, dass er bei der Vorstandspräsentation brilliert, ebenso beim Controller, der seine Zahlen präsentiert? Häufig ist es ein ganzes Bündel von unterschiedlich stark gebrauchten Eigenschaften, die einen beruflichen Erfolg produzieren. Der Rückschluss von erfolgreichem Verhalten auf erforderliche Eigenschaften ist schwierig (SCHULER 2002, S. 136). Hilfreich bleibt dennoch die Ausgangsfrage, die ermöglicht, beschriebene Beispielssituationen mit dem Bewerber zu besprechen oder sogar in einem Rollenspiel zu nutzen (SCHULER 2002, S. 136). Man könnte auch die Gegenfrage überdenken: Welches Verhalten wäre absolut schädlich für einen Erfolg in der Aufgabe?

9.2 Beschreibung von bereits erfolgreichen Stelleninhabern (Repertory Grid)

Diese Methode wurde von KELLY (1955) entwickelt, um „implizite Persönlichkeitskonstrukte sichtbar zu machen" (JETTER 1996, S. 56). Das Verfahren kommt den individuellen, oft unbewussten Vorstellungen von Führungskräften nahe, welchen Typus sie für Erfolg versprechend halten. Systematisch geht man dabei so vor: Zunächst wird eine Liste der zu beschreibenden Personen erstellt. Dann erfolgt eine vergleichende Analyse der Verhaltensweisen dieser Personen. Im dritten Schritt werden daraus Anforderungskriterien abgeleitet und gewichtet (BIRKHAN 1995, S. 505f.).

In der Praxis ist festzustellen, dass auch dieses Verfahren selten systematisch angewendet wird, geschweige denn die Schlussfolgerungen in den Prozess der Bewerberbeurteilung übersetzt werden. Den analytischen Schlussfolgerungen werden in der Entscheidung subjektiv-emotionale Aspekte entgegen gesetzt. Die Frage an eine Führungskraft, ob sie eine Person kenne, die eine solche Aufgabe sehr gut erfüllen könnte, kann dennoch weiterhelfen. In einem Fall wurde die Zwillingsschwester der vorigen Stelleninhaberin eingestellt!

9.3 Konkretisieren über Alternativfragen

Wenn nicht deutlich ist, wen man sucht, kann man in einem Abstimmungsgespräch über konkrete Antworthilfen Grundanforderungen herausarbeiten. Oft werden messerscharfe, fachlich exakte Anforderungen gestellt und die ganze Energie wird in die Suche nach einem geeigneten Kandidaten gesteckt. Es war lediglich nicht geklärt, dass es auch eine Präferenz für ein bestimmtes Geschlecht gibt! Hier hilft es nicht, Präzision zu fordern, sondern den grundsätzlichen Entscheidungsrahmen zu kennen. Dazu ist zu klären: Wer entscheidet wirklich? Ist es die direkte Führungskraft oder die nächst höhere? Wenn es die nächst höhere ist, wo gehen die Vorstellungen über die Besetzung auseinander? Sollte es eher eine Frau oder ein Mann sein?

Dieses Prinzip lässt sich auch auf Persönlichkeitskriterien übertragen. Soll es eher der Analytiker oder eher der Stratege, eher der Konfliktfähige oder Kooperative sein? Die relevanten Persönlichkeitskriterien können jeweils entsprechend der zu vergebenden Funktion ausgewählt und systematisch alternativ abgefragt werden. Damit können die Schwerpunkte bei den persönlichen Anforderungen aus Sicht der Führungskraft gut lokalisiert werden. Das systematische Vorgehen erfordert etwas Disziplin, kann aber auch schriftlich für das Abstimmungsgespräch vorbereitet werden.

9.4 Nutzung des PRO (Performance Requirement Options)

Wenn der in Abschnitt 8.4.8 beschriebene Predictive Index genutzt wird, gibt es mit dem PRO-Verfahren eine sehr gute Möglichkeit, ein Aufgabenmuster auf ähnlich leichte und schnelle Weise zu erarbeiten. Der PRO beschreibt Verhaltensweisen, die für eine optimale Erfüllung der jeweiligen Aufgabe erforderlich ist. Das Muster des Kandidaten und das Aufgabenmuster werden mit den gleichen Begriffen beschrieben, damit später ein direkter Vergleich von Kandidat und Anforderung möglich ist.

Hier sollte man nicht in erster Linie auf den exakten Grad an Übereinstimmung zu Kandidatenprofilen achten, sondern es als Grundlage nehmen, über die Stelle und die Anforderungen zu sprechen. Es ist eine Art von Qualitätssicherung im Prozess. Darüber hinaus kann man einen realistischen Abgleich verschiedener Ansichten bezüglich der Anforderungen an eine Stelle herausarbeiten. Auch daraus können sich wertvolle Diskussionen zum Verständnis der Position ergeben.

10 Das Bewerbergespräch

10.1 Auswahlverfahren im europäischen Vergleich

Bei der Auswahl externer Bewerber wie auch bei der internen Potenzialerkennung werden häufig die angewandten Verfahren nicht professionell genutzt oder werden Instrumente eingesetzt, die nicht wirklich weiterhelfen. Die Wahl der Methoden wird oft von Zufälligkeiten und Trends bestimmt. Wenn dann im weiteren Anstellungsverhältnis oder bei Beförderungen oberflächlich beobachtet und beurteilt wird, ist es nicht überraschend, wenn Personen auf verantwortlichen Positionen landen, ohne einen Nachweis von Talent oder Kenntnissen erbracht zu haben. Der Mut und auch die rechtlichen Möglichkeiten, eine personale Fehlentscheidung zu korrigieren, reichen oft nicht aus, so dass viele Unternehmen auf Dauer mit unbefriedigenden Stellenbesetzungen leben (DRUCKER 1996). Auf Dauer ist das ein Verliererspiel, ganz sicher eines für das Unternehmen. Die Wahl der Auswahlinstrumente als wirksamen Filter kann einen wichtigen Beitrag leisten, um die Sicherheit zu erhöhen, auf die Richtigen zu setzen. In einem europäischen Vergleich der Nutzung von Auswahlverfahren wird deutlich, dass es in den Ländern noch erhebliche Unterschiede gibt.

	D	F	E	Benelux	GB
Strukturiertes Interview mit der Personalabteilung	55	76	70	91	90
Persönlichkeitstest	7	42	74	71	69
Leistungstest	3	35	38	56	33
Intelligenztest	2	30	55	54	35
Biografische Fragebögen	15	40	63	44	18
Assessment Center	14	7	10	15	33
Graphologische Gutachten	7	89	17	19	4

Quelle: Schuler, Frier, Kaufmann (1993)

Abb. 16: Einsatzhäufigkeit von Auswahlverfahren im europäischen Vergleich

Das Bewerbergespräch ist nach wie vor das am meisten genutzte Auswahlinstrument weltweit. Deshalb wird diesem Verfahren besonderer Raum geschenkt. Die Hinweise für ein gutes Bewerbergespräch lassen sich leicht auf Potenzialgespräche in der Personalentwicklung übertragen. In Deutschland gibt es offensichtlich noch eine kritischere Haltung gegenüber Testverfahren als in den anderen Ländern. Frankreich setzt nach wie vor stark auf die Graphologie. In der Tendenz werden Verfahren kombiniert eingesetzt.

10.2 Struktur eines Gesprächs

Der Dialog ist ein Lebensweg, ein Weg des Lernens, der Begegnung und der Hoffnung.

L. Freeman Dhority

Geschätzte drei Millionen Personalentscheidungen werden auf Grundlage von Bewerbergesprächen pro Jahr in Deutschland getroffen. Das nicht ohne Grund: Es ist praktisch, für jeden durchführbar, mit jedem durchführbar.

Ein Bewerbergespräch ist ein Dialog mit einem besonderen explorativen Schwerpunkt oder Interesse. Oft entartet es zu einem stereotypen Frage-Antwort-Spiel mit stereotypen Fragen und stereotypen Antworten, die keine Rückschlüsse auf persönliche Ausprägungen zulassen. Es werden viele irrelevante Informationen ausgetauscht. Gute Exploration braucht zum einen Fertigkeiten in der Gesprächsführung: Gesprächstechniken und -hilfen, um an relevante Informationen heranzukommen (SARGES 1994, S. 137f.). Sie braucht zum anderen die Grundhaltung eines echten Dialogs, in der die Menschen sich offen begegnen. „Fortiter in re, suaviter in modo“

– klar in der Sache, gemäßigt im Ton. Ein gutes Bewerbergespräch ist eine besondere Form der Unterhaltung, Robert Musil nennt einen solchen Dialog eine „erkundende Unterhaltung“, Günter Gaus, die „sanfte Art des Festnagelns“.

Wie viel und welche Struktur braucht ein gutes Bewerbergespräch und wie lassen sich die wesentlichen, persönlichkeitsdefinierenden Elemente erkennen?

Ein strukturierter Ablauf eines Gesprächs trägt zu Transparenz und Berechenbarkeit bei. Auf der anderen Seite macht zuviel Struktur starr und unflexibel. Deshalb empfiehlt sich, das Gespräch in grundlegende Phasen einzuteilen.

Warming-up

Jedes Gespräch braucht ein „Aufwärmen“, einen Aufbau einer Beziehung, die ein offenes Gespräch erst ermöglicht. Wenn Sie einen Besuch empfangen, stimmen Sie sich auch erst ein wenig aufeinander ein, zeigen das Haus, bieten ein Getränk an, sorgen sich um das Wohlbefinden des Gastes. Es gilt bei jeglicher Kommunikation, ob Vortrag oder Gespräch: Kümmere Dich zuerst um die Beziehung, dann komme zum Thema!

Ein Bewerbergespräch ist in der Regel zumindest für den Kandidaten stressbehaftet. Er braucht zunächst persönliche Zuwendung, das Gefühl gut aufgehoben zu sein. Gespräche, die von Angst und Vorsicht dominiert werden, kann man sich letztlich schenken. Das Talent, Menschen Angst zu nehmen, ihnen Vertrauen zu schenken, ist sehr unterschiedlich ausgeprägt, und es gibt auch kein Patentrezept dafür. An dieser Stelle ist alles hilfreich, was die persönliche Beziehung fördert:

- Banalitäten (Anreise, Wetter, Bezug zu einem aktuellen Tagesgeschehen, Urlaubsbild an der Wand),
- Erhöhungen („Soweit wie Sie habe ich es im Tennis nicht gebracht“ – „Bis zu einem Marathonlauf habe ich es nicht geschafft“),
- Schmeicheleien („Ihre Bewerbungsmappe hat mir gut gefallen“),
- Entdramatisieren (über Struktur, Zeit und Ablauf des Gesprächs selbst sprechen) und
- viele andere Möglichkeiten mehr.

Das Warming-up hat auf jeden Fall mit Höflichkeit, Respekt und Interesse für den Gesprächspartner zu tun.

Narrative Phase

Das Warming-up sollte herzlich, angemessen, nicht zu lang sein und dann in eine erzählende Phase übergehen. Mit dem Erzählen der eigenen Biografie wird im Idealfall die Folge von Ereignissen, das Aufzählen von Etappenzielen und Erfolgen sinnvoll verknüpft. Unsere Identität besteht aus der wachsenden Zahl an Geschichten, an die wir glauben, wir erschaffen uns beim Erzählen praktisch permanent neu. Im Grunde sind wir das, was wir uns selbst und anderen erzählen. Die Kompetenz des Erzählens geht dem höchstentwickelten Computer ab, es ist eine menschliche Kompetenz (Ernst 2003b, S. 80f.). Deshalb sollte jedes Gespräch die Chance bieten, die eigene Geschichte darstellen zu können. Dies ist für viele Menschen eine das Selbstbewusstsein stärkende Erfahrung, weshalb dieser Gesprächsteil zu Beginn des Gesprächs besonders vorteilhaft ist. Die Einleitung dazu darf gerne offen sein: „Erzählen Sie über sich!“

Bei einigen Gesprächspartnern entsteht eine kleine Unsicherheit, weil sie überrascht sind, dass sie die freie Wahl haben, zu beginnen, wo sie möchten. Das Ausgewählte kann schon ein Ausdruck erwünschten Verhaltens sein. Sie möchten die Geschichte erzählen, die dem anderen gefallen soll. All das sollte bereits registriert werden, den Berichtsspielraum sollte man jedoch noch nicht voreilig einschränken durch Unterbrechungen oder Ratschläge. Es gilt: Zuhören, zuhören, zuhören, auch wenn es schwer fällt! Vielleicht ergeben sich schon erste Hypothesen in Bezug auf die Schlüsselkriterien. Gibt es schon Indizien auf kognitives, motivatorisches oder soziales Talent? In aller Regel wird ein mehr oder weniger ergiebiger chronologischer Abriss des eigenen Lebens erzählt, noch stark faktenbetont. Die Person wirklich charakterisierende Elemente liegen oft in den Nebensätzen und eher beiläufigen Bemerkungen. Wenige haben sich wirklich mit der eigenen Lebensgeschichte auseinandergesetzt.

Biografien wird oft zu Unrecht eine Folgerichtigkeit zugeschrieben, die alles so und nicht anders gefügt hat. Wer hat Anteil an dem, wie eine Person heute ist? Wann wurden von wem die Weichen gestellt? Stimmen die Aussagen über Begabungen und Unbegabungen wirklich (der geborene Jurist, zwei linke Hände, sprachlich unbegabt etc.)? Je nach Typus des Bewerbers lässt sich unterschiedliches Verhalten feststellen. Eher introvertierte Kandidaten haben vielleicht nach drei Minuten nichts mehr zu sagen, eher extravertierte sind gar nicht zu stoppen. Taktiker versuchen vielleicht, lange zu reden, weil sie in dieser Zeit keinen Fragen ausgesetzt sind. Dieser Teil sollte zeitlich limitiert werden, er sollte nicht mehr als ein Viertel des Gesprächs ausmachen. Mit der Zeit entwickelt man ein Gespür dafür, wann weiteres Erzählen nichts mehr bringt. Man kann auch ehrlich sagen, dass auf einzelne Phasen genauer eingegangen oder in einen anderen Gesprächsteil übergeleitet werden soll. Mit einem herzlichen Dank für die Ausführungen geht es in die nächste Gesprächsphase.

Dialogischer Austausch

Normalerweise haben sich die Gesprächspartner im Vorfeld eine Reihe von Notizen gemacht und Hypothesen aufgestellt, die überprüft werden müssen. Idealerweise werden nun gemeinsam die Punkte konkretisiert und hinterfragt, die aus Sicht der Interviewer in besonderem Maße hilfreich erscheinen, die Person zu charakterisieren. Da jeder Mensch auf eigene Art aufnimmt und die Gesprächsdisziplin häufig nicht ausgeprägt ist, ist zu empfehlen, mit Zeitfenstern zu arbeiten: Jeder hat etwa zwanzig Minuten, um seine Fragen zu stellen. Damit umgeht man das unergiebige, zusammenhanglose Durcheinanderfragen, und jeder kann fragen, was ihn interessiert, ohne ständig unterbrochen zu werden oder springen zu müssen. Ein intensives Gespräch braucht nicht das oberflächliche Streifen möglichst vieler Punkte, sondern den gründlichen Austausch. Es gibt wenig, was der Qualität eines Gesprächs mehr schadet, als sich ständig mit einem neuen Thema zuvorzukommen.

Zu empfehlen ist, dass der erfahrenere Gesprächspartner mit der Befragung beginnt. Damit kann der andere sich noch auf die Situation einstellen, bekommt Themen schon präsentiert, auf die er später noch einmal eingehen kann. Dabei ist es überhaupt kein Problem, auf Punkte zurückzukommen, die bereits angesprochen wurden. In diesem Teil des Gesprächs werden all die Explorationshilfen genutzt, die im folgenden Abschnitt 10.3 besprochen werden.

Fragen des Kandidaten

Wenn nicht schon im bisherigen Verlauf der Unterhaltung Informationen über Unternehmen, Aufgabe, Personen mitgegeben worden sind, sollte der Kandidat auf jeden Fall die Chance bekommen, seine Fragen zu stellen. Dabei ist zunächst abzuraten, eine breite Unternehmenspräsentation vorzunehmen. Sie kostet viel Zeit, in der Regel haben sich die Kandidaten bereits über Internet etc. erste Informationen beschafft und die Höflichkeit und den Respekt gegenüber dem Bewerber kann man auf wirksamere Art und Weise zeigen. Zum Beispiel dadurch, dass Sie genau da Informationen geben, wo sie gewünscht werden. Nebenbei kann man erkennen, ob überhaupt ein Fragebedarf besteht. Respekt kann auch dadurch gezeigt werden, dass man mit der gleichen Offenheit und Ehrlichkeit antwortet, die auch vom Gesprächspartner erhofft wird. Natürlich sollten die Chancen, Perspektiven und der Reiz der vakanten Stelle angesprochen werden. Ebenso sollte ein Bekenntnis für das Unternehmen abgegeben werden, in dem man schließlich nicht ohne Grund arbeitet. Genauso sollten aber die kritischen Punkte und Ereignisse benannt werden. Sie machen nicht nur die Pluspunkte glaubwürdiger, sondern beziehen den Bewerber verantwortlich in die Frage mit ein, ob diese Aufgabe und dieses Unternehmen das Richtige ist. Beide Gesprächsteilnehmer sind abhängig von substantiellen Informationen, um eine „richtige" Entscheidung treffen zu können.

Warming-down

Wie ein gutes Gespräch mit dem „Kümmern" um die Beziehung beginnt, endet es auch damit. Viele Gespräche schließen mit einer im Grunde beidseitigen Unsicherheit, was man voneinander hält. Zwei Standardfragen sollten am Ende grundsätzlich gestellt werden:

„Gibt es irgend etwas, was nicht besprochen oder angesprochen wurde, was Sie uns noch sagen möchten?"

Gerade beim hypothesengeleiteten Fragen (siehe S. 167ff.) lässt man sich im Gespräch stark vom Kandidaten leiten, fragt dort weiter, wo es Hinweise gibt. Es kann durchaus sein, dass ein Punkt oder mehrere, die dem Kandidaten wichtig sind, nicht zur Sprache gekommen sind. Es kann auch sein, dass ein Teil des Lebenslaufs zu großes Gewicht bekommen hat und diese Etappe für den Kandidaten gar nicht so bedeutsam war. Die zweite Frage lautet:

„Wie geht es Ihnen jetzt, wie fühlen Sie sich?"

Spätestens jetzt geht der Kandidat davon aus, dass das Gespräch vorbei ist und er seinem Gefühl freien Lauf lassen kann. Das kann entlastend wirken, oft gibt es noch einmal wichtige Hinweise für das Verständnis dessen, was man erlebt hat. Man kann in einem nicht „ritualisierten" Gesprächsraum noch einmal laut denken.

In manchen Gesprächen erreicht man erst durch diese Frage die Offenheit, die man schon vorher gebraucht hätte. Der Interviewer kann dazu auch einen wertvollen Beitrag leisten, in dem er ein Feedback zum Gespräch anbietet. Viele Interviewer scheuen sich, den Eindruck aus dem Gespräch aufrichtig zurückzumelden, oft aus Angst, sich damit festzulegen, oft aus Unsicherheit, weil der Eindruck noch vage ist. Gerade wenn man noch nicht entschieden ist, hilft es ungemein, die zweifelhaften Punkte anzusprechen und selbst, wenn man sich zu einer Ablehnung entschieden hat, erhält der Gesprächspartner noch einmal höchstmögliche Aufmerksamkeit und vielleicht Hinweise, die ihm im nächsten Gespräch den Erfolg bringen. Es gibt nur zwei Gründe, ein Feedback zu unterlassen: Der Kandidat möchte keines haben oder es sind höchstpersönliche, nicht veränderbare Gründe beim Bewerber, die zur Ablehnung führen. Wenn genügend kognitive, motivationale und zwischenmenschliche Indizien gesammelt sind und der Kandidat das Gespräch als ein besonderes erlebt hat, ist beste Arbeit geleistet worden.

10.3 Klarheit in der Sache: Explorative Gesprächstechniken

Man muss ein System strapazieren, um zu erkennen, wie leistungsfähig es ist.

Um genügend Intensität zu erreichen, braucht ein gutes Bewerbergespräch Reiz, Anstrengung und Grenzberührung. Viele unerfahrene Gesprächsführer schonen ihre Kandidaten, möchten es ihnen so angenehm wie möglich machen, der guten Gesprächsatmosphäre zuliebe. Bei manchen Unternehmen ist es auch Philosophie, auf diese Art für sich zu werben. Diesem Gesprächsverhalten liegt eine ehrenwerte Haltung zugrunde, weil es Höflichkeit und Respekt ausdrückt. Der Erkenntnisgewinn wird in der Regel gering sein, die Differenzierung schwer. Wenn man die Leistungsfähigkeit eines Systems erkennen will, muss man es fordern. Es reicht nicht, bei einem Auto mit fünfzig Stundenkilometern geradeaus zu fahren. Man muss einmal Gas geben, einmal stark bremsen und auch einmal eine scharfe Kurve fahren. Professionelle Gesprächsführung erreicht Anstrengung und Intensität und gleichzeitig respektvolle Behandlung des Gesprächspartners.

10.3.1 Hypothesengeleitetes Fragen

Hypothesen: Wein ohne Etikett und Preisschild

Elmar Lampson,
Präsident der Hochschule für Musik und Theater, Hamburg

Aus den vielen Ratschlägen, wie Bewerber sich verhalten und auf Fragen antworten sollten, seien hier nur beispielhaft einige aus dem Internet herausgegriffen: kein Hang zum Perfektionismus, aber auch nicht zu impulsivem Handeln; zufrieden mit dem Leben, ein neues Leben würde man genauso führen; optimistisch, voll Selbstvertrauen, temperamentvoll; man hält es für wichtig, beliebt zu sein, hat aber keine Angst, dass andere schlecht über einen reden könnten; man schiebt Arbeiten nicht auf; man scheut den Wettkampf nicht; liest lieber wissenschaftliche Literatur als belletristische ... Die Reihe könnte beliebig weitergeführt werden. Tatsächlich geben sich viele Personalentscheider mit solchen nichtssagenden Antworten zufrieden.

Sprechgewohnheiten täuschen Logik oder Übereinstimmung vor, wie das Beispiel von ELLEN LANGER (1997) illustriert: Eine junge Frau stellte in einem Copyshop die Frage, ob sie vorgehen könne, weil sie ein paar Kopien machen müsse. Die meisten Menschen ließen sie vor, allein aufgrund des Wortes „weil". Die tatsächliche Begründung wurde gar nicht mehr hinterfragt. Automatisierte Reaktionen mögen im Leben manchmal notwendig sein, doch für das Erkennen und Verstehen eines anderen Individuums sind sie nachteilig.

Wenn wir einen Menschen in einem Bewerbergespräch kennen lernen, wissen wir im Grunde nichts über ihn. Wir können uns einige Hypothesen erarbeiten, eine Vorstellung entwickeln, wie er oder sie sein könnte. Das Gespräch muss deshalb auf einer anderen Ebene geführt werden: Hinterfragen, konkretisieren, den Dingen auf den Grund gehen. Die gemachten Aussagen sind lediglich die Ouvertüre. Wenn jemand so heftig und interessiert wissenschaftliche Literatur liest, vielleicht sogar noch im Urlaub, kann er sicher einige seiner wichtigsten Bücher nennen. Und sicher freut er sich, die Qualität des Buches einzuschätzen und seine wichtigsten Erkenntnisse mitzuteilen. Dann wird sich schnell herausstellen, ob er mehr als Testknackerbücher liest. Es ist legitim, dass sich Bewerber auf ein Gespräch vorbereiten, und es ist Aufgabe der Gesprächsführer, mehr als ein Rollenspiel daraus zu machen. Deshalb gilt es, nicht mit jeder Antwort zufrieden zu sein, sondern weiterzufragen, Schein und Sein zu überprüfen. Keine Aussage, kein Fakt produziert für sich Erkenntnis. Es braucht den Rahmen, die Geschichte dazu. Für Menschen, die nur ein passendes Bild von sich abgeben möchten, wird es ein schwieriges Gespräch, da Widersprüche und Ungereimtheiten auftauchen werden. Die Gesprächspartner, die sich darauf einlassen, erleben eine intensive Unterhaltung, die beiden Seiten weiterhilft.

Das Hinterfragensprinzip erscheint schwierig und dennoch kann man es in Perfektion jeden Tag bei Kindern erleben. Ein kleiner Junge fragte mich vor ein paar Tagen, was ich mit dem Schreibblock mache. Ich sagte: „Da schreibe ich wichtige Sachen drauf!" Worauf er ohne Zögern weiterfragte: „Was sind wichtige Sachen?"

Alles, was aufgenommen wird, hilft weiter, wenn es Anhaltspunkte für die kognitiven, motivationalen und zwischenmenschlichen Schlüsselkriterien liefert. Es beginnt bei den biografischen Daten aus der Bewerbungsunterlage. Es geht nicht um die „Wahrheit", sondern um das bewusste Herausbilden von Annahmen über eine Person, und um die weitere Überprüfung derselben. Oft stecken schon in den Anschreiben Hinweise, die im Gespräch aufgenommen und hinterfragt werden können. Zu selbstverständlich erscheint, dass sich jemand als engagiert, teamorientiert, analytisch beschreibt. Was führt ihn zu dieser Annahme? Welche Beispiele begründen und belegen dies? Warum hat er ausgerechnet diese Begriffe gewählt? Was bedeutet für ihn Engagement? Ist Teamorientierung eine besondere Einfühlung in andere Menschen, hohe Toleranz, was auf Kooperationsfähigkeit schließen lässt, enthält der Begriff eine Spaßkomponente („mit anderen macht alles etwas mehr Freude") oder ist er gar Ausdruck der Tatsache, dass sich einer allein einer Herausforderung nicht stellen möchte?

Was ist eine analytische Leistung für den Kandidaten? Ist es nur das Zusammenstellen und Strukturieren von Fakten, beispielsweise bei der Diplomarbeit? Antwortet er auf die Fragen im Gespräch auch in besonderer Weise strukturiert? Wenn nicht weitergefragt wird, gibt es keinen Erkenntnisgewinn.

Das Prinzip hypothesengeleiteten Fragens ist sehr anspruchsvoll, weil man die Werthaltigkeit ausschließlich aus den mündlichen oder schriftlichen Angeboten des Gesprächspartners zieht. Dafür braucht es genaues, konzentriertes Zuhören. Der Gesprächspartner wird ernst genommen in dem, was er mitteilt. Allen die gleichen Fragen zu stellen, wie in strukturierten Interviews, oder einen Fragenkatalog abzuarbeiten, sollte bestenfalls in einer anfänglichen Trainingsphase die Methode der Wahl sein. Im Grunde lenken Standardfragen vom Zuhören ab, vom Eintauchen in und Einlassen auf die Individualität des Gegenübers. Und es braucht diszipliniertes analytisches Arbeiten und Denken.

Hypothesen sind schnell entwickelt, Vorurteile schnell gefällt und sie werden auch schnell – scheinbar – bestätigt. Die analytische Arbeit besteht nun darin, eine Widerlegung der Vorurteile zu versuchen. Diese Widerlegungsstrategie, von KARL POPPER (2004, S. 150) entwickelt, ist zum wissenschaftlichen Prinzip geworden: Ein wissenschaftlicher Beweis ist erst erbracht, wenn er nicht widerlegt werden kann. Auf das Gespräch bezogen, heißt dies, stets in die Gegenrichtung zu wirken, in die man gefühlsmäßig zu gehen neigt. Wenn ein Mensch schlau erscheint, gilt es zu überprüfen, ob er wirklich schlaue Leistungen hervorgebracht hat. Wenn ein Mensch unsympathisch wirkt, sollte geprüft werden, ob nicht doch liebenswerte Seiten zu entdecken sind. Da viele Interviewer weitgehend untrainiert in dieser Form eines Gesprächs sind, kann nicht erwartet werden, dass schnell Meisterschaft darin erreicht wird. Wie bei allem, was wirklich gut ist, braucht es Zeit und Übung. Wenn es dafür wenig Gelegenheit gibt, weil Einstellungsgespräche für eine Führungskraft eher die Ausnahme sind, hilft es dennoch, wenn ein grundlegendes Verständnis für dieses Vorgehen vorhanden ist.

Vertiefende Fragen können an jeder Stelle der Biografie eingesetzt werden. Wenn die Quelle unergiebig ist, wird die beste Gesprächstechnik theoretisch und aussagelos. Erfahrene Gesprächsführer arbeiten und fragen konkret und detailliert, überprüfen aber parallel im Überblick, wann das Thema unergiebig wird.

Typische Beispiele tendenziell unergiebiger Fundstellen sind Etappen, in denen der Kandidat keine oder nur scheinbar Verantwortung getragen hat: Praktika, Ausbildungen, Assistenztätigkeiten etc. Umgekehrt lohnt es sich, auch im privaten Bereich, an Stellen zu verweilen, wo Verantwortung übernommen wurde, wo es darauf ankam. Persönlichkeiten wachsen über Verantwortung. Fragen können chronologisch entlang des Lebenslaufs entwickelt, aber auch kriterienbezogen eingesetzt werden. Wenn z. B. Kreativität ein wichtiger Aspekt einer Person sein soll und es aus dem bisherigen Gespräch keinen Hinweis dafür gibt, muss dies nicht automatisch bedeuten, dass wenig Kreativität vorhanden ist. Dies gilt es, bewusst zu widerlegen. Dazu können folgende Fragen einen Einstieg ermöglichen: „Halten Sie sich für kreativ?" Die meisten werden mit „ja" antworten. „Können Sie uns Ideen, Beispiele für Ihr kreatives Talent nennen?" – „Was heißt für Sie Kreativität?" – „Wenn Sie bei sich einem Thema Wissen erworben haben, kommen Ihnen dann Ideen, Vorstellungen?" Diese Fragetechnik, bei der das Thema wie in einem Trichter enggeführt wird, kann nur beispielhaft beschrieben werden. Es lässt sich nicht standardisieren, es bedeutet in jedem neuen Gespräch ein neues Einlassen auf den Gesprächspartner.

Menschen spüren und erleben sich besonders intensiv an den Höhepunkten ihres Lebens und an den Tiefpunkten. Oft sind auch dort persönlichkeitsdefinierende Elemente zu entdecken. Dazu hinführen können Gesprächselemente wie das Verhaltensdreieck und das Prinzip von Kausalität und Finalität (Sarges 1994, S. 150, 152).

10.3.2 Verhaltensdreieck

Das Verhaltensdreieck hilft, konkretes früheres Verhalten zu ermitteln. Insbesondere, wenn Menschen von ihren besonderen Leistungen und Taten erzählen, wird es mit der Beschreibung des tatsächlichen Sachverhalts und des persönlichen Beitrags oft nicht mehr ganz so genau genommen. Wenn ein besonderer Erfolg erfragt wird, auf den der Kandidat ein Leben lang stolz ist, besteht die Gefahr, dass Beispiele genannt werden, bei denen der Erfolg nicht wirklich von der befragten Person beeinflusst wurde. Deshalb genügt es nicht, sich die Situation oder das Projekt beschreiben zu lassen, es genügt auch noch nicht, nach dem Ergebnis zu fragen. Entscheidend ist der Handlungsbeitrag der Person (SARGES 1994, S. 150). Ob jemand die Idee zu einem erfolgreichen Projekt hatte, es initiiert hat, die Verantwortung übernommen hat, die Führungsrolle eingenommen, oder einfach mitgemacht hat, macht einen großen Unterschied. Menschen, die verantwortlich für Erfolge sind, haben oft weitere Beispiele zur Hand.

Quelle: Ghiselli (1966), Byham (1977)

Abb. 17: Verhaltensdreiecksfragen zur Ermittlung von konkretem früheren Verhalten

10.3.3 Das Prinzip von Kausalität und Finalität

Mit diesem Prinzip kann geklärt werden, was ursächlich für einen Misserfolg oder eine Enttäuschung war und ob sich daraus Handlungen oder Gewohnheiten entwickelt haben, die für das spätere Leben eine Bedeutung haben. Die Grundfrage dazu lautet: „Was ist in Ihrem Leben schon einmal so gründlich daneben gegangen, dass sie dies ein Leben lang nicht mehr vergessen werden?"

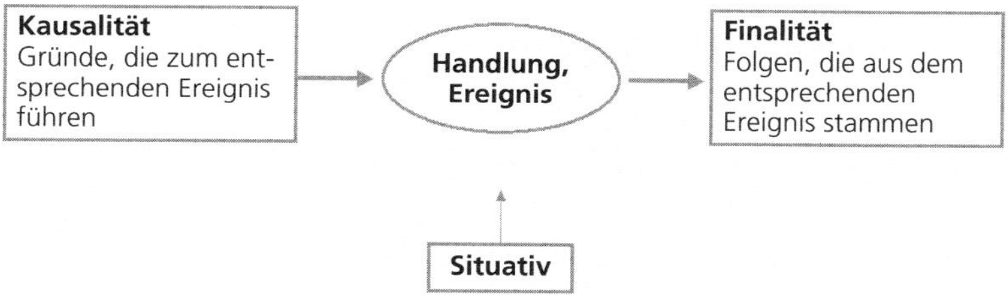

Abb. 18: Ermittlung konkreter Inhalte über die Kausalität – Finalität

Zunächst ist zu klären, wie es zu diesem Misserfolg kommen konnte. Nichts fällt aus heiterem Himmel, auch ein Misserfolg hat Gründe. Manchmal tauchen bereits Verhaltensmuster auf, die an anderer Stelle auch nur zu mäßigem Erfolg geführt haben. Nehmen wir an, es wird als Beispiel eine nicht bestandene Examensprüfung im Studium angeboten. Mögliche Antworten könnten sein: Pech, das Falsche gelernt, nicht fleißig genug, keine Zeit zum Lernen wegen eines dringenden Jobs, schwere Prüfung, hohe Durchfallquote, Blackout in der Prüfung, gesundheitliche Probleme, private Probleme. Viele Antworten erscheinen plausibel (Kausalattributionen, vgl. S. 16). Vielleicht hat die eine oder andere Antwort mit selbst erlebten Misserfolgen zu tun? Wäre es unplausibel, wenn ein Kandidat sagen würde, es sei sehr kalt gewesen an diesem Tag? Dennoch kann es ein zutreffender Grund sein. Was verständlich erscheint, sollte hinterfragt werden. Wenn jemand das Falsche gelernt hat, hat er nicht erkannt, worum es geht. Andere haben ja das Richtige gelernt (Fähigkeit zur Übersicht). Würde ein „fauler" Mitarbeiter der Richtige sein? (Disziplin, Wille, Eigenmotivation). Das finanzielle Argument: Was haben ihm die Eltern gegeben, wieso konnte er es sich nicht anders einteilen? (Konkretisieren). Ist ihm die Prüfung nicht wirklich wichtig gewesen? (Eigenmotivation, zielorientierte Initiative). Schwere Prüfung: Eher ein Durchschnittstyp? (kognitiver Anspruch), Rechtfertigung (Motivation). Blackout: Ist es ein lageorientierter Typ, der seine Leistung nicht zeigen kann, wenn es darauf ankommt? (Eigenmotivation). Also eine Menge kritischer Aspekte, die man nicht einfach übergehen sollte.

Der zweite Schritt ist, zu hinterfragen, wie sich der Kandidat in der Prüfung selbst verhalten hat, was ihm durch den Kopf ging, als er gemerkt hat, dass es nicht nach Plan läuft. Keiner wird in einer Misserfolgssituation ein Held sein. Vielleicht ist der, der absolut enttäuscht ist und sich extrem ärgert, derjenige, der am meisten daraus lernt? Auf jeden Fall erhält man Hinweise, ob ein Kandidat solche Situationen auch bewusst wahrnimmt und überdenkt und sich vielleicht dadurch selbst weiterhilft. Letztlich können wichtige Indizien für die motivationale Konstitution des Kandidaten in dieser Situation enthalten sein.

Der dritte Schritt ist die Frage nach dem Lern- und noch mehr dem Handlungseffekt. Welche Schlussfolgerungen hat der Kandidat aus diesem Misserfolg gezogen? (Finalität). Warum ist ihm dieses Beispiel wichtig, inwiefern trägt es zum Verständnis des anderen bei? Madeleine Albright, amerikanische Außenministerin zur Zeit Bill Clintons, schreibt in ihrer Biografie: „Die Scheidung nach sechsundzwanzig Jahren Ehe war der schmerzhafteste Augenblick in meinem Leben. Mein Mann hatte eine Jüngere." (Albright 2003) Ohne Scheidung, so sagt sie später, hätte sie es nie zur Außenministerin gebracht. Sie steckte offensichtlich ihre ganze Energie in ihre berufliche Laufbahn und sie hatte Erfolg. Sie stürzte sich in die Dozententätigkeit an der Universität, stürzte sich in die Politik, ging in viele Ausschüsse etc.

Das Prinzip von Kausalität und Finalität lässt sich am besten bei biografischen Ereignissen anwenden, die folgende drei Voraussetzungen erfüllen:

1. Es muss ein tiefgreifendes Ereignis sein. Bagatellbeispiele kosten nur Zeit!

2. Der Kandidat muss darüber reflektiert oder reagiert haben, Schlussfolgerungen gezogen haben.

3. Das Beispiel muss handlungserzeugend wirken. Idealerweise sind sie Teil der persönlichen Disposition geworden.

Wenn sich im weiteren Leben nichts verändert hat, hilft uns das Beispiel nicht weiter. Das Prinzip von Kausalität und Finalität kann auch bei großen Erfolgen weiterhelfen. Genügend stark empfundene Erfolge wirken sicher handlungsleitend in dem Sinne, dass man auf die gleiche Art versuchen wird, weitere Erfolge zu erreichen.

10.3.4 Entlastungsfragen

Das Prinzip des vertiefenden Fragens ist anspruchsvoll und fordernd. Es steigt die Verpflichtung, aufmerksam und konzentriert zuzuhören und zu kommunizieren. Eine Rolle kann nicht lange aufrechterhalten werden. Von Einstein wird gesagt, dass er oft zur sokratischen Methode überging: Er begnügte sich, unbequeme Fragen zu stellen und die Kollegen damit in Verlegenheit zu bringen. Freunde erwarb er sich dabei nicht! Ständig hoher Stress in einem Gespräch ist nicht produktiv. Eine hohe Konzentration von Stresshormonen legt sogar das menschliche Gedächtnis lahm, es kann bis zum Absterben von Nervenzellen gehen.

Es empfiehlt sich, immer wieder entlastende Elemente in das Gespräch einzubauen, die tiefe Ernsthaftigkeit der Exploration zu unterbrechen. Dazu sollte jeder seine individuellen Möglichkeiten nutzen. Humor ist ein wirkungsvoller „Erleichterer". Er kann sich aus der Situation heraus ergeben, es kann eine Anekdote sein, ein kleiner Dialog mit dem Kollegen. Es hilft auch eine bewusste Gesprächsunterbrechung, die Nachfrage nach weiteren Getränken, das Öffnen des Fensters etc. Man kann auch einen Augenblick von sich erzählen, den Kandidaten in etwas bestätigen, was man auch so empfindet, aus der eigenen Biografie berichten. Man sollte aber wieder zum Kandidaten zurückkommen! Der nutzenbringende Einsatz von Spannung und Entspannung unterstreicht die Könnerschaft der Gesprächsführer.

10.3.5 Feedbackschleifen

Das wirkungsvollste Gesprächselement ist das Feedback im Gespräch. Es fördert die Beziehung und erweitert die Erkenntnis. Feedback ist beziehungsfördernd, weil es immer höchstpersönlich anspricht, und erkenntnisfördernd, weil nur über die Rückkopplung dessen, was angekommen ist, der Gesprächspartner erkennen kann, ob er uns das auch mitteilen wollte. Wir wissen nicht sicher, was er uns mitteilen will, wenn wir uns mit der Antwort zufrieden geben. Sie vermischt sich sofort mit unserer Vorstellung, was die Antwort ausdrücken soll. Es ist im Grunde unerlässlich, immer wieder zu spiegeln, was angekommen ist, zu erklären, wie die Antwort verstanden wird. Dadurch erhält der Gesprächspartner die Möglichkeit zu korrigieren, zu relativieren, zu verändern oder zu verwerfen. Dieses Gesprächselement ist ebenso wirkungsvoll und notwendig in Mitarbeitergesprächen, weil nur dadurch ein gemeinsames Verständnis über das, was besprochen wird, entsteht. Robert Musil schrieb: „Ich bin nicht nur überzeugt, dass das, was ich sage, falsch ist, sondern auch das, was man dagegen sagen wird. Trotzdem muss man anfangen, davon zu reden! Die Wahrheit liegt nicht in der Mitte, sondern rundherum wie ein Sack, der mit jeder neuen Meinung, die man hineinstopft, seine Form ändert, aber immer fester wird!“

Feedbackschleifen kann man in dreifacher Art und Weise nutzen:

1. Zunächst bietet sich ein chronologischer Einsatz entlang der Biografie an, z. B. nach jedem Lebensabschnitt. Es wird zurückgemeldet, was sich jeweils aus der Schulzeit, dem Studium, der Ausbildungszeit und den beruflichen Stationen über die befragte Person an Eindruck gebildet hat.

2. Man kann Feedbackschleifen themenbezogen anwenden. Wenn die Zeit sehr beschränkt ist, könnte man die wichtigsten drei Ereignisse oder Phasen in der persönlichen Entwicklung nennen und beschreiben lassen und daraus jeweils eine Rückmeldung formulieren.

3. Die dritte Möglichkeit ist, im Anschluss an das eigentliche Bewerbergespräch ein Feedback zu erarbeiten und es in einem zweiten Gesprächsteil zurückzumelden. Während einer kleinen Pause, in der der Gesprächseindruck unter den Gesprächsteilnehmern auf Unternehmensseite harmonisiert wird, kann der Kandidat das Gespräch selbst reflektieren. In dem zweiten Gesprächsteil erhält der Kandidat dann die Rückmeldung, wie er im explorativen Gespräch gewirkt hat. Gewöhnlich stellt man bei diesem Vorgehen noch bestehende Defizite fest: worüber man wenig erhoben hat und wo man unsicher ist in der Einschätzung. So besteht die Möglichkeit, die zweifelhaften Punkte unmittelbar gemeinsam zu klären. Oft entwickelt sich daraus ein weiterer Dialog auf höherem Erkenntnisniveau, frei von Ritualen und mit persönlicher Note.

Feedbackschleifen sind also ergiebige Gesprächsmittel, die leider viel zu selten verwendet werden. Die Gründe für die Zurückhaltung sind vorwiegend:

- Man möchte sich abstimmen, bevor dem Kandidaten eine Rückmeldung gegeben wird. Dann empfiehlt sich prinzipiell, das Gespräch wie beschrieben aufzuteilen. Auf der anderen Seite hat es auch Vorteile, wenn im Gespräch selbst jeder aus seiner Sicht heraus Stellung bezieht. Es unterstreicht die Offenheit und Aufrichtigkeit der Gesprächsteilnehmer. Wir erarbeiten uns den Eindruck im Gespräch, er steht noch nicht fest. Das Feedback zeigt uns, wie sicher oder unsicher unser bisheriger Eindruck war.

- Man hat einen vagen Eindruck, den man nicht spontan formulieren kann. Dann hat man ohnehin eine schmale Basis als Grundlage für eine Beurteilung. Im Grunde brauchen wir dann mehr Information, müssten das Gespräch so oder so fortsetzen.

- Man befürchtet, dass bei positiven Rückmeldungen bereits die Erwartung beim Kandidaten entstehen könnte, dass man sich für ihn entscheidet. Bewerber sind gerade in dieser sensiblen Situation sehr für positive Rückmeldungen empfänglich. Ihm ein wenig Sicherheit zu geben, dass er gut „angekommen“ ist, befreit von Selbstzweifeln, öffnet auf wundersame Weise und nicht selten fällt es einem Bewerber leicht, auch über seine schwächeren Seiten zu sprechen. Wenn er tatsächlich der Bewerber unserer Wahl sein könnte, hilft eine positive Verstärkung ohnehin und erzeugt Bindung.

- Ein negativer Eindruck soll nicht zu einer Enttäuschung am Ende des Gesprächs führen. Aus ehrenwerten Motiven heraus entscheiden sich viele Interviewer dafür, dem Bewerber kein Feedback zu geben, schon gar kein kritisches. Man möchte fair zum Kandidaten sein, ihn nicht verletzen etc.

Tatsächlich sollte man einem Kandidaten, der schlecht war und dem ein Feedback offensichtlich unangenehm wäre, nicht „überpsychologisch" ein solches aufdrängen. Deshalb sollte man die Frage klären, ob ein Feedback erwünscht ist. Grundsätzlich liegt jedoch gerade in einem respektvollen und kritischen Feedback ein hoher Wert, der vom Gesprächspartner anerkannt wird. Es ist eine besondere Form von Aufmerksamkeit. Der Kandidat honoriert diese Ehrlichkeit mit Wertschätzung und Respekt gegenüber dem Unternehmen und den Interviewern. Oft entsteht durch unsere Orientierungshilfe wieder eine Perspektive für den Kandidaten. Wir denken mit ihm! Allerdings braucht man dafür Argumente und ein klein wenig Mut und Formulierungsgabe. Gleiches gilt auch für Mitarbeiterfeedbacks in der Führungsarbeit! Insofern ist es nicht nur für den Auswahlprozess wertvoll, sondern erhöht nebenbei langfristig auch die Qualität der eigenen Führungsarbeit.

10.3.6 Fragen zu Zeiten des Übergangs

Das Prinzip von Kausalität und Finalität lässt sich auch gut auf berufliche Wechsel anwenden. In der Regel werden berufliche Wechsel als Nachweis von Karrierestreben, Streben nach größerer Verantwortung begründet. Zum angemessenen Ergründen dieser Sachverhalte hilft es, von der Annahme auszugehen, dass jeder berufliche Wechsel eine Komponente von Unzufriedenheit oder Not hat. Zufriedenheit macht unehrgeizig und reizt nicht zu Aufbruch. Manchmal ist es die Insolvenz oder der Verkauf einer Firma, in der man eine verantwortliche Stelle inne hatte. Es können auch persönliche Probleme mit Verantwortlichen der alten Firma sein oder die Aufgabe war einfach eine Nummer zu groß. Gerade beim Gespräch über Übergangssituationen lohnt es, ein wenig innezuhalten und ehrliche Begründungen und Schlussfolgerungen zu erarbeiten. Übergangsphasen sind eine Zeit intensiven

Nachdenkens und der Neuorientierung: man spricht viel darüber, erwägt Optionen, überlegt, was richtig war und was man ändern möchte. Oft besteht ein stärker werdender Handlungsdruck, der diese Gedanken forciert. Als Interviewer gilt es, herauszufiltern, was dazu geführt hat, dass etwas zu Ende ging, welche Rolle die Person dabei gespielt hat, was in der Zeit des Übergangs für Überlegungen bestanden und welche Gründe und Motive zu der weiteren Entwicklung geführt haben.

10.3.7 Provokante Fragen

Provokante Fragen haben zunächst das Ziel, den anderen aus der Reserve zu locken. Wenn dies gelingt, ist tatsächlich etwas erreicht. Wir wollen ja echtes Verhalten erleben. Deshalb gehören sie durchaus in das Repertoire eines guten explorativen Interviewers. Auf der anderen Seite sind solche Fragen immer auch Angriffe auf die Beziehungsebene im Gespräch und insofern riskant.

Was als provokant empfunden wird, hängt stark vom Interviewpartner ab. Je schlechter die eigene Vorstellung, je größer der Rechtfertigungsdruck, je stärker das Gefühl, entlarvt zu werden, desto eher werden die Fragen als provokant empfunden. Je höher die Beziehungsqualität im Gespräch, desto mehr zugespitzte Fragen sind möglich. Damit die Provokation angenommen werden kann, ist es wichtig, Vorkehrungen zu treffen. Eine provokante Frage wirkt nicht mehr so scharf, wenn sie angekündigt wird. „Erlauben Sie mir bitte eine vielleicht provozierende Frage dazu?“ Provokante Fragen werden auch verständlicher, wenn sie in einen Zusammenhang gestellt werden.

Eine provokante Frage sollte keine intimen Bereiche betreffen. Provozierend wirken Fragen auch, wenn eine zurechtgelegte Aussage des Kandidaten weiterentwickelt wird. Beispielsweise wird gerne „Ungeduld“ genannt, wenn ein Bewerber nach Schwächen gefragt wird. Darauf aufbauend könnte man weiterfragen: „Ungeduldige Menschen werden in Gruppen oft nicht besonders geschätzt, weil die Toleranz fehlt, wenn es nur langsam vorangeht. Ungeduldige nerven das Umfeld, werden oft als unangenehme Zeitgenossen empfunden. Inwieweit treffen solche Aspekte von Ungeduld auch auf Sie zu?“

10.3.8 Das Prinzip des Wiederholens

Grenzkontrolleure verfolgen dieses Prinzip: das Wiederholen gleicher Fragen mit gleicher oder veränderter Formulierung in einer anderen Reihenfolge oder zu einem späteren Zeitpunkt. Wenn ein Gespräch durch intensives Vertiefen festgefahren ist, kann es durchaus sinnvoll sein, da loszulassen und exakt das Gleiche einige Minuten später wieder zu thematisieren. Bei der Wiederholung von nicht geklärten Themen zeigen Bewerber manchmal durchaus ein anderes Verhalten, manche geben ihre taktische Position auf und sprechen dann offen. Dahinter steht sogar ein psychologisches Prinzip: Wenn Menschen den Eindruck haben, gut aus der Sache herausgekommen zu sein, sind sie anschließend eher bereit, offen zu sprechen.

10.3.9 Rollenspiele

Rollenspiele erfreuen sich durchaus einer gewissen Beliebtheit, insbesondere für Positionen im Verkauf. Mit dem Rollenspiel geht man bewusst aus dem Gespräch heraus auf eine andere Gesprächsebene. Dennoch wird das simulierte Verkaufsgespräch nicht genauso geführt werden wie in der Realität, es bleibt ein Bewerbergespräch. Natürlich steht die sozial erwünschte Verhaltensweise im Vordergrund. Häufig entwickelt sich eine banale Argumentation ohne ernsthaften diagnostischen Ansatz. Wenn Rollenspiele sinnvoll eingesetzt werden sollen, braucht man ein wenig Vorbereitung:

- Der Sachverhalt sollte gründlich durchdacht werden. Worauf will man hinaus, was soll beobachtet werden? Sinnvoll ist es, eine Instruktion zu schreiben, die der Kandidat vorher liest.
- Das Rollenspiel sollte eine sich entwickelnde Geschichte enthalten. Sie sollte eine Fortsetzung haben. Auch im Rollenspiel wird der Bewerber zunächst darauf achten, welche Aussagen ihm Punkte bringen könnten. Je weiter der Fall entwickelt wird, desto schwieriger wird es, eine konstruierte Position aufrechtzuerhalten. Der Spielpartner wird mit den Schlussfolgerungen und Konsequenzen seines Verhaltens konfrontiert.
- Die vorgestellten Situationen sollten Wahl- und Entscheidungsmöglichkeiten enthalten. Dafür braucht es vielleicht auch etwas Uneindeutigkeit.
- Die Rollenspiele sollten kein Fachwissen voraussetzen. Mit diesem Gesprächselement beobachtet man in aller Regel Sozialverhalten, vielleicht Motivation, Initiative, weniger kognitive Fähigkeiten. Es eignen sich Sozialsituationen, z. B. ein Mitarbeitergespräch, ein Verkaufsgespräch.

10.3.10 Fallbeispiele

Fallbeispiele werden häufig einbezogen, um insbesondere die Beurteilung der kognitiven Kriterien etwas sicherer zu machen. Sie kommen schnell in die Nähe von Intelligenztests oder Rätseln und erhöhen in jedem Fall den Druck im Gespräch. Insofern haben sie auf jeden Fall eine motivationale Komponente. Kann der Kandidat kühl nachdenken unter stärkerer Belastung? Es bleibt allerdings eine Prüfungssituation, selbst wenn das Fallbeispiel im Dialog entwickelt wird. Eine Gefahr besteht auch darin, dass das vorbereitete Fallbeispiel für die kognitiven Kriterien erheblich höheren Urteilswert gewinnt als andere Beobachtungen aus dem Gespräch. Es bleibt aber auch nur ein Indiz.

10.3.11 Pausen

Pausen als explorative Gesprächshilfe anzusehen, mag auf den ersten Blick irritieren. Dennoch sind sie ein hilfreiches Gesprächselement (NEUBERGER 1998, S. 142f.). Zunächst lebt ein guter Dialog auch vom Prinzip der Verlangsamung. Wenn Zeitdruck entsteht, bleibt vieles oberflächlich und wird übersehen. Es hilft, wenn der Kandidat den Eindruck gewinnt, wir haben Zeit für ihn. Insofern können Pausen Substanz in ein Gespräch bringen, weil Antworten besser begründet werden können.

Andererseits gibt es die Tendenz, in Gesprächen keine Pausen entstehen zu lassen. In Pausen ist es still. Stille erzeugt Nähe, auch Nähe zur eigenen Person. Das ist für viele Menschen inzwischen ungewohnt und erhöht die innere Spannung. Viele Gesprächspartner empfinden in einer solchen Situation Handlungsdruck und lösen dieses Problem einfach dadurch, dass sie außerhalb kognitiver Kontrolle zu sprechen beginnen. Ein typisches Beispiel ist die alte Frage nach den besonderen Stärken und den kleinen Schwächen einer Person. Diese Frage wird in der Regel stereotyp mit Ungeduld und Perfektionismus beantwortet. Wenn dann weitergefragt wird und man in Ruhe abwartet, kommen nicht selten nach fünfzehn bis zwanzig Sekunden Antworten, die viel mehr mit der Person zu tun haben. Gesprächspausen werden oft auch von den Geprächsführern schwer ertragen, erzeugen eine kleine Verlegenheit. Schweigen zu ertragen ist eine disziplinierende und stärkende Erfahrung.

10.3.12 Alternativfragen

Bei auskunftsfreudigen Bewerbern ist das Hinterfragen ein sicherer Weg zu Erkenntnissen. Oft haben wir es jedoch mit Menschen zu tun, die vorsichtig sind, zurückhaltend, eher introvertiert. Ebenso wissen erstaunlich viele Menschen nicht sehr viel über sich oder haben Probleme, es zu formulieren. Wenn nur kurze Antworten kommen oder Schulterzucken, wird man selbst mit den schlauesten Fragen hilflos bleiben. Hier empfiehlt es sich, dem Bewerber entgegenzukommen, ihm Hilfestellungen zu geben. Das kann über das Angebot von Alternativen geschehen, die Sie spontan im Gespräch einsetzen können. „Was glauben Sie, sind Sie eher ein Mensch, der auf Harmonie und Ausgleich ausgerichtet ist oder gehen Sie auch einmal in Konfliktsituationen?" – „Sie können mit einer von drei Personen in unserem Unternehmen sprechen: dem Unternehmenschef, der besten Führungskraft, einem Kollegen: Wen wählen Sie (und warum)?" – „Sie können bei uns zwischen zwei Aufgaben wählen: eine Linienaufgabe, in der Sie hohes Risiko haben, aber entscheiden können und große Verantwortung tragen; eine Aufgabe in einem beratenden Bereich, in dem Sie in Projektarbeit immer wieder neue Themen erarbeiten, aber wenig Einfluss auf die Umsetzung haben." – „Welche Aufgabe wählen Sie (und warum)?" Sicher ist auch von Vorteil, sich einige Alternativmöglichkeiten vorzubereiten.

10.3.13 Kommentierungen

Ein sehr unterhaltender, dennoch fordernder Teil eines Gesprächs kann sein, Zitate, Weisheiten, Aphorismen einzuflechten und kommentieren zu lassen. Sprüche sind verdichtete Gedanken und eignen sich, die intellektuelle Gelenkigkeit und die Fähigkeit, komplexe Zusammenhänge zu erfassen, auszuloten. Da mit dem Verweis auf Zitate die eigene Meinung nicht offenkundig wird, eignen sie sich in besonderer Weise, die Widerlegungsstrategie anzuwenden. Ein Kandidat sagt beispielsweise, er brauche immer wieder neue Aufgaben, Routine langweile ihn. Nun wird ein Zitat angeführt, welches gerade die Vorteile von Routinearbeit hervorhebt, mit der Bitte um Kommentierung, z. B: „Die Lust an der Routine unterscheidet den Könner vom Dilettanten!" Wie geht der Gesprächspartner nun damit um? Welche Aspekte werden angesprochen, werden Rechtfertigungsgründe für die eingenommene Position vorgebracht, inwieweit sagt ihm das Zitat überhaupt etwas?

10.3.14 Vervollständigung von Aussagen

Eine weitere Möglichkeit indirekter Exploration ist, Aussagen vervollständigen zu lassen. In solchen Situationen wird oft das Naheliegende gewählt, das, was man wirklich denkt oder bereits vorgedacht hat. Beispiele sind:

- „Mitarbeiter sind ..."
- „Mein jetziger Chef ist ..."
- „Wenn ich am Sonntag nachmittag an die Firma denke, ..."
- „Einen Vorgesetzten brauche ich, weil ..."

10.3.15 Informationstests

Was jemandem egal ist, darüber weiß er auch wenig! Also sollte man grundsätzlich nicht ausschließen, bei dem einen oder anderen Thema einfach mal abzufragen, wie gut jemand informiert ist.

Das gilt z. B. für Studieninhalte, Fachgebiete, die speziell mit dem Gesprächspartner zu tun haben. Sicher ist es ein Zeichen gründlicher Vorbereitung auf das Gespräch, wenn ein Kandidat gut informiert ist. Interessant ist auch, wie er sich das

Wissen angeeignet hat und wie er es persönlich bewertet. Dennoch sollte nicht überschätzt werden, wenn ein Kandidat gut über das Unternehmen informiert ist. Es gibt einen möglichen Hinweis auf Initiative oder Fleiß, nicht zwangsläufig auf die Passung zu der vergebenden Aufgabe oder zu dem Unternehmen. Eine starke Identifikation mit der Firma ist zu diesem Zeitpunkt nicht realistisch, wenn nicht ganz besondere Gründe vorliegen.

10.4 Vom Interview zum echten Gespräch

Dialog: Ein echtes Zusammentreffen von Menschen, die sich ohne Rückhalt ausdrücken und frei sind vom Scheinenwollen!

Martin Buber

Trotz der Vielzahl an gesprächstechnischen Möglichkeiten ist eine Frage nicht beantwortet: Was bringt den Gesprächspartner dazu, tatsächlich Relevantes aus seiner Biografie zu offenbaren? Im Bewerber- wie im Mitarbeitergespräch gibt es keinen absichtsfreien Raum. Machtkonstellationen erschweren partnerschaftliche Kommunikation. Die Tatsache, dass ein Gesprächspartner vom anderen etwas zu befürchten oder zu erhoffen hat, beeinflusst das Gesprächsgleichgewicht. Zum Verständnis dieser Aussage helfen uns die vier Seiten einer Nachricht, dem grundlegenden Kommunikationsmodell von SCHULZ VON THUN (1991).

10.4.1 Die vier Seiten einer Nachricht im Bewerbergespräch

Die Beziehungsebene ist ursächlich für das taktische Kommunikationsspiel mit festgefahrenen Appellen, reduzierter Selbstkundgabe und weitgehend irrelevanten Sachinformationen. Solange die Beziehung in dieser Ausgangsposition verharrt, wächst kein „echtes" Gespräch! Die Veränderung dieser Situation gelingt allein über das Vertrauen in den Gesprächspartner, über die Qualität der Beziehung. Die Grundlage muss sich vom „Ich" zum „Wir" verändern: Ich will mit dir gemeinsam herausfinden, ob es für dich und mich gut ist, zusammenzuarbeiten! Damit ist schon ein großer Schritt getan.

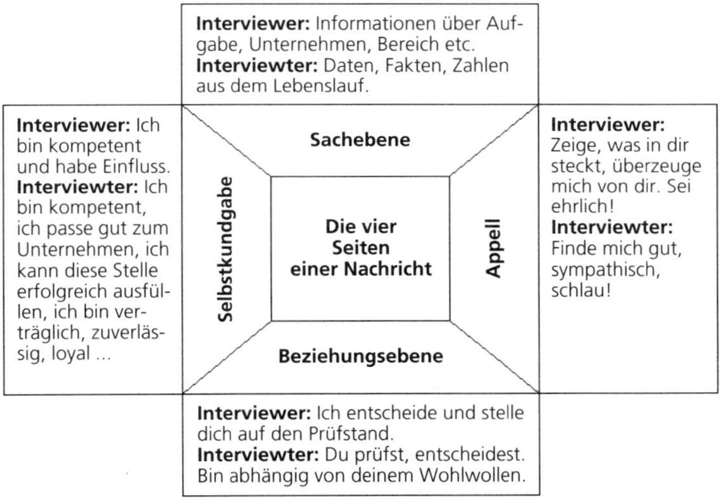

Abb 19: Die vier Seiten einer Nachricht im Bewerbergespräch

Das Vier-Seiten-Modell verändert sich:

1. Sachinformation: Ich erzähle, wer ich bin und wie ich zu dem geworden bin, was ich heute bin (Eigenschaften, Werte, Prinzipien, Gewohnheiten, Fähigkeiten). Ich erzähle dir von meinem Unternehmen, der Aufgabe, dem Umfeld, den Personen, der Kultur und den Schwierigkeiten.

2. Selbstkundgabe: Ich will dir alles sagen, was wichtig ist für unsere Entscheidung.

3. Appell: Hilf mir, eine gute Entscheidung zu treffen!

4. Beziehung: Ich will unsere Aufgabe gemeinsam mit dir lösen. Ich will dich verstehen lernen. Ich schenke dir Vertrauen.

Für diese Gesprächsbasis braucht es eine hohe zwischenmenschliche Kompetenz und eine entsprechende Grundhaltung. Folgende Aspekte wirken auf die Beziehungs- und Gesprächsqualität begünstigend ein:

10.4.2 Mündliche Kommunikation

Als banale, dennoch grundlegende Unterscheidung ist anzuführen, dass es des mündlichen Gesprächs bedarf. Dies ist in einer Zeit, in der die schriftliche Kommunikation über E-Mail enorm zunimmt und immer mehr Online-Verfahren angeboten werden, ein zu vertretender Hinweis. Der Unterschied ist: Mündlichkeit bedeutet Anwesenheit, die Schriftlichkeit Abwesenheit. Beziehungsqualität über schriftliche Kommunikation ist möglicherweise präzise, aber sehr flüchtig, mündliche Kommunikation ist motivierender.

10.4.3 Lernende Grundhaltung

Man darf nicht gescheiter sein als die Gäste. Die eigene Gescheitheit zeigen zu müssen, ist ein Zeichen von Dummheit!

Alfred Biolek

Menschen mit starkem Selbstbewusstsein neigen dazu, anderen gerne zu berichten, was sie wissen. Sie stellen Fragen und man sieht es ihnen förmlich an, dass sie nicht wirklich an der

Antwort interessiert sind. Es erfolgt keine Integration der Antwort in das weitere Gespräch. Besondere Aufmerksamkeit ist nur zu erwarten, wenn man das persönliche Interesse an irgendeinem Punkt erweckt.

Die meisten Interviewer haben auch zu hohe Redeanteile, in denen sie den Gesprächspartner aufklären. „Wer lernen will, muss hören. Beim Selbstreden lernt man nichts“, sagte Bernd Pischetsrieder, der Vorstandsvorsitzende von VW. Oft wird aus der Grundhaltung des Wissenden und nicht des Lernenden agiert. Der Wissende will sagen, was richtig ist, der Lernende will es herausfinden. „Im Anfängergeist gibt es viele Möglichkeiten, im Geist des Experten wenige“ formulierte der Zen-Meister Shunryu Susuki (HARTKEMEYER 1998, S. 78). Das ist der Unterschied. Häufig wird die eigene Position verteidigt, anstatt miteinander zu denken, eigene Annahmen und Hypothesen auszusprechen, Zweifel zu äußern und Beobachtungen zu nennen.

Von dem Psychologen JENS CORSSEN (2002) stammen vier Kommunikationsregeln, die aus der Grundhaltung des Wissenden heraushelfen:

1. Keine ungefragten Beurteilungen

2. Keine ungefragten Ratschläge

3. Nichts einreden

4. Nichts ausreden

Kleine Erzählphasen in angemessener Form wirken entlastend und öffnend. Je persönlicher, desto besser. Dazu braucht es allerdings Disziplin. Die Gefahr ist zum einen, dass sich der Interviewer plötzlich so gut darin gefällt, von sich zu sprechen, dass es ihm schwer fällt, wieder damit aufzuhören. Sonst wird am Ende des Gesprächs festgestellt, dass der Bewerber einen guten Eindruck gemacht hat, nämlich aufgrund seiner Fähigkeit, dem Interviewer zugehört zu haben. Die persönlichen Themen sollten sich an den Ausführungen des Bewerbers orientieren. Um aus einer lernenden Haltung heraus zu agieren, ist die Offenheit für den anderen Voraussetzung.

10.4.4 Offenheit und Respekt für den anderen

Ein echtes Gespräch kann man nicht vordisponieren!

Martin Buber

Die Offenheit der Beteiligten bestimmt den Erfolg des Prozesses. Keine Polarisation von Angriff und Verteidigung, keine Rechthaberei. Offenheit heißt, sich von eigenen Überzeugungen lösen zu können oder prinzipiell bereit dafür zu sein (HARTKEMEYER 1998, S. 79). Auch der andere hat recht. Auch hier ist Vertrauen die Grundlage. Öffnen wird sich ein Gesprächspartner, wenn er das Gefühl hat, nicht verletzt zu werden, weder psychisch noch physisch. Die Gesprächspartner müssen überzeugt sein von ehrlicher, gegenseitiger Akzeptanz, von beidseitigem Respekt vor dem anderen. Der Respekt vor dem anderen ist die Anerkennung, zu ihm als Person „Ja!“ zu sagen. Es ist nicht nur die Akzeptanz, sondern der Versuch, die Welt aus der Perspektive des anderen zu sehen. In einem Dialog sollte immer der Eigenwert einer Person geachtet werden. Dazu gehört der vorbehaltlose, radikale Respekt gegenüber der anderen Person und ihrem Leben. Das Einfühlen in die andere Persönlichkeit erhöht ja nicht nur die Qualität des Gesprächs gewaltig, sondern ist ja auch elementare Voraussetzung, die andere Persönlichkeit zu verstehen. Der amerikanische Klassiker Henry Longfellow schrieb: „Wenn wir die verborgene Geschichte eines Menschen lesen könnten, fänden wir genug Leid und Trauer, um alle Feindseligkeit zu begraben“ (HARTKEMEYER 1998, S. 79).

Gerade in vermeintlichen Machtsituationen wird diese Grenze zur Missachtung leichter überschritten, weil man sich auch auf anderem Wege durchsetzen kann und das Gespräch als Instrument des Überzeugens nicht wirklich braucht. Wer nicht gelernt hat, andere ernst zu nehmen und zu respektieren, wird niemals das Vertrauen anderer im Gespräch gewinnen. Dazu gehört auch durchaus Demut. Zu welchen Gesprächen, zu welcher Zuwendung und Feinheit sind Menschen in der Lage, wenn sie sich in hilflosen Situationen befinden, sei es bei einer Krankheit, bei Trauer etc. Eine unmittelbare Erfahrung schafft der Besuch der Ausstellung „Dialog im Dunkeln“ in Hamburg. Die eigene Hilflosigkeit führt zu „blindem“ Vertrauen in die blinden Menschen, die durch die Ausstellung führen. In Kommunikationstrainings, die in den Ausstellungsräumen durchgeführt werden, wird dieser Aspekt auch im Gespräch erlebbar (HEINECKE 2004, www.dialog-im-dunkeln.de).

10.4.5 Zuhören

Nasr-eddin Hodscha will auf dem Markt einen Truthahn verkaufen und stellt sich neben den Besitzer eines Papageis, der für sein Tier zehn Pfund verlangt. Der erste Interessent schreit: „Bist du wahnsinnig? Der Papagei dort kann sprechen und kostet zehn Pfund, und du verlangst zwanzig?" – „Mein Truthahn kann mehr als sprechen", erwidert der Hodscha. „Er kann zuhören."

Aus Persien

Von einer anderen Person vorbehaltlos gehört zu werden, ist eine grundlegende Erfahrung, die heute immer weniger Menschen teilen (HARTKEMEYER 1998, S. 83). Zuhören können ist in der Erziehung, in der Partnerschaft eine verkümmerte Fähigkeit. Manche erleben dieses Gefühl zum ersten Mal in einer Therapie. Zuhören ist eine Einladung in ein weites Entdeckungsfeld, in dem man nicht selten auch neue Aspekte an sich selbst entdeckt. Zuhören können ist ein elementarer

Bestandteil zugewandter Kommunikation. Richtig zuhören bedeutet, dass der andere Mensch sich erlaubt, Dinge auszusprechen, die er nicht ausgesprochen hätte oder anders ausgesprochen hätte oder nicht hätte aussprechen können. Wenn ein Gesprächspartner das Gefühl hat, angenommen zu werden, hat ein Gespräch jede Chance auf Tiefe, Frische und Erkenntnis. Es gibt viele Hinweise für aktives Zuhören. Gutes Zuhören ist mehr als gespieltes Interesse und inhaltsleeres Kopfnicken. Sowohl Bewerber als Mitarbeiter entlarven dies sofort. Gefahren sind, dass man der Art und Weise des Inhalts mehr Beachtung schenkt als dem Inhalt selbst. Dazu braucht es gerade bei wenig empathischen Rednern Konzentration und Selbstbeherrschung. Manchmal fliegen die Gedanken auch einfach weg. Der Ich-Bezug, das unbeherrschte Ego, erzeugt in der Kommunikation Langeweile oder Genervtheit, aber kein wirkliches Zuhören. Oft wird auch zu schnell geurteilt und gefragt, eine Gefahr insbesondere bei stark strukturierten Interviews. Da wird alles mitgeschrieben, aber nicht zugehört und schon gar nicht hinterfragt (NEUBERGER 1998, S. 122f.). Der beste Nachweis für konzentriertes Zuhören sind Fragen, die sich aus den Ausführungen des Befragten ergeben.

10.4.6 Fragen

Man muss viel gelernt haben, um über das, was man nicht weiß, fragen zu können.

Jean-Jacques Rousseau

Fragen sind zentraler Bestandteil eines explorativen Gesprächs, wie bereits in vorangegangenen Abschnitten erläutert wurde (NEUBERGER 1998, S. 143f., SARGES 1994, S. 141f.). Um die „richtigen“ Fragen, mit denen man „Kandidaten knacken kann“, kursieren eine Menge Gerüchte. Bücher mit den „hundert entscheidenden Fragen“ werden konsultiert und führen schnell zu der einen oder anderen vermeintlich raffinierten Frage. Manche Interviewer fragen vorsichtig, weil sie dem Bewerber nicht zu nahe treten wollen. Manche Fragen verbieten sich rechtlich, manche persönliche Frage aus kultureller Sicht. In den meisten anderen Ländern darf nicht so persönlich gefragt werden wie in Deutschland.

Die einzelne Frage tritt beim trichterförmigen Fragen in den Hintergrund: Solange zu einem Thema Fragen bestehen, können sie gestellt werden. Gibt es keine mehr, geht man zum nächsten Thema über. Im Grundsatz gilt: Sinnvolle Fragen ergeben sich aus den Ausführungen des Gesprächspartners. Falls dies schwer fällt, gilt: Aufrichtig fragen, was interessiert. Denken Sie an die kindliche Neugier: Kinder fragen, wann immer sie etwas interessiert und wie oft wundern wir uns, dass sie damit den Nagel auf den Kopf treffen.

Übelgenommen wird Ihnen keine Frage. Oft stehen wichtige Fragen im Raum, werden aber nicht gestellt. Mit Aufrichtigkeit signalisieren Sie ein ehrliches Interesse am anderen Menschen und oft reagieren die Gesprächspartner dann auf vermeintlich „heikle" Fragen unerwartet normal und unüberrascht. Wenn der Gesprächspartner eine Frage nicht beantworten möchte, wird er es Ihnen mitteilen. Es ist wichtig, sich an die Grenzen ein wenig heranzutasten. Sie sind bei jedem unterschiedlich und sagen auch etwas über die Person aus. Wenn jede Frage als persönliche interpretiert wird, ist ein exploratives Gespräch nicht möglich.

Die Frage nach der Schwangerschaft bleibt nicht nur eine unzulässige, inzwischen im Streitfall eine teure; sie ist vor allem peinlich, disqualifiziert den Befrager und erniedrigt den weiblichen Gesprächspartner. Ansonsten gilt für richtiges Fragen, was für gute Kommunikation gilt: Kurzfassen, konkret, eindeutig, immer nur eine Frage auf einmal und: Gutes Zuhören erspart manche Frage!

10.4.7 Verlangsamen

Bist du in Eile, mache einen Umweg!

Japanisches Sprichwort

Kein Gespräch wird zeitlich unlimitiert laufen können. Umso mehr ist ein sicherer Weg für zugewandte Kommunikation: Geduld, Geduld und nochmals Geduld. Wenn der Gesprächspartner, das Gefühl bekommt, dass es auf Schnelligkeit ankommt, ist die Intensität verloren. Der Ausdruck von Ungeduld, wie ständiger Blick auf die Uhr, ständiges Erwähnen, dass wenig Zeit zur Verfügung stehe, hektisches Hin und Her, betonen die Oberflächlichkeit, weil die Botschaft dominiert: „Mach' schnell!" Der Sozialpsychologe ROBERT CIALDINI sagt dazu: „In Eile, gestresst, verunsichert, desinteressiert, abgelenkt oder erschöpft neigen wir dazu, nur einen Teil der zur Verfügung stehenden Informationen zu beachten und greifen auf den oft relativ primitiven, aber unvermeidbaren Ansatz zurück, unsere Entscheidung von nur einem Indiz abhängig zu machen." (CIALDINI 2004, S. 338)

Im Unterschied zu einem Meeting wird im Dialog nicht durcheinander gesprochen. Manche Frage braucht etwas Zeit für eine angemessene Antwort, manchmal braucht es eine kleine Pause zum Nachdenken. Viele hervorragende Redner reden langsam und produzieren damit eine beeindruckende Gedankentiefe und Konzentration. Durch die Langsamkeit wird das Verständnis und die Wirksamkeit erhöht, das Nachdenken gestützt, der Tiefe Vorrang gegeben. Selbst wenn nur eine halbe Stunde zur Verfügung steht, sollte der Gesprächspartner den Eindruck vermittelt bekommen, dass es seine halbe Stunde ist und zwar von der ersten bis zur letzten Minute. Einem Menschen Zeit zu schenken ist etwas Wertvolles.

11 Weitere Instrumente

11.1 360°-Feedback

Das 360°-Feedback gehört zu den bekanntesten Umfeldbefragungen und hat in den letzten Jahren an Beliebtheit gewonnen. Ob und wie es weiterhilft, wird teilweise kritisch bewertet (Neuberger 2000, S. 69f., Scherm/Sarges 2002, S. 29f.). „Die Phantasie des 360°-Feedbacks besteht darin, anzunehmen, dass eine Person, die von allen erfährt, wie sie gesehen wird, ihr eigenes Verhalten genauer planen und effektiver einsetzen könne." (Neuberger 2000, S. 44). Wenn es tatsächlich gelänge, von den Menschen einen ungefärbten Eindruck über die Zusammenarbeit mit der zu beurteilenden Person zu erhalten, erhielte man sicher relevante Informationen. Von Günter Gaus sagt man, er habe seine berühmten Gespräche vorbereitet, indem er mit einem Freund und einem Feind des Gesprächspartners gesprochen hat.

Für einen Einsatz von 360°-Feedbacks im Management sprechen folgende Argumente (Scherm/Sarges 2002, S. 15f.):

- *Führungskräfte erhalten wenig Rückmeldung über ihr eigenes Verhalten*

  Aufgrund der hierarchischen Ordnung in Unternehmen erhalten Führungskräfte selten ehrliche Feedbacks aus dem Umfeld. Viele Führungskräfte haben auch kein wirkliches Interesse, Rückmeldungen über ihr Führungsverhalten zu bekommen. Da die meisten Menschen ungeübt und sensibel sind, wenn es um Kritik an ihrem Verhalten geht, bietet diese institutionalisierte Form zumindest den Rahmen und die Chance für eine Rückmeldung.

- *Führungskräfte bewerten ihr Führungsverhalten oft unterschiedlich zum Umfeld*

Viele Studien und Untersuchungen zeigen, dass Führungskräfte ein verzerrtes Eigenbild ihres Führungsverhaltens haben. Eklatante Differenzen treten z. B. auf bei der Selbsteinschätzung und Fremdeinschätzung von autoritärem Führungsstil (29 Prozent zu 70 Prozent) und der Entscheidungsbeteiligung der Mitarbeiter (79 Prozent zu 7 Prozent) (NEUBERGER 2000, S. 22f., GRUNWALD 1995).

Ergänzend dazu gibt es aus diagnostischer Sicht einige empirische Befunde zu der Selbst/Fremdbildeinschätzung:

1. Führungskräfte, die ihre Kompetenzen in Übereinstimmung mit den Feedbackgebern positiv einschätzen, gelten eher als leistungsstark. Sie stellen sich anspruchsvolle Ziele und erfahren bei ihren Mitarbeitern und Vorgesetzten Rückhalt (BANDURA 1982).

2. Führungskräfte, die selbst in Übereinstimmung mit den Feedbackgebern ihre Kompetenzen als gering einstufen, weisen auch ein niedriges Leistungsniveau auf (ATWATER & YAMMARINO 1997).

3. Führungskräfte, die ihre Kompetenzen höher einschätzen als ihre Feedbackgeber, sich also überschätzen, gelten in ihren Unternehmen als „Schwachleister" (ATWATER, 1995). Für das niedrige Leistungsniveau gibt es zwei gewichtige Gründe: Sie unterhalten in der Regel keine guten Beziehungen zu ihren Mitarbeitern und erfahren insofern wenig Unterstützung oder sie kennen auch die Erwartungen von Kollegen und Geschäftspartnern nicht wirklich.

4. Führungskräfte, die ihre Kompetenzen als zu niedrig einschätzen (Unterschätzer), werden in der Tendenz eher durchschnittlich bis leistungsschwach erlebt (BANDURA 1982, DÖRNER 1994). Sie suchen sich eher einfache Aufgaben und setzen sich in der Regel keine ehrgeizigen Ziele.

- *Führungskräfte üben den Perspektivwechsel*

  Führungskräfte werden angeregt, den eigenen Standpunkt zu relativieren und das eigene Verhalten in der Wirkung auf andere zu reflektieren. Für das eigene Verständnis der Rückmeldungen ist es wichtig, sich in die Situation von anderen zu versetzen. Dies erhöht gleichzeitig das Verständnis anderer.

So attraktiv die Vorzüge des 360°-Feedbacks auch erscheinen mögen, ist nicht zu verhehlen, dass auch erhebliche Bedenken bestehen, die sich im Laufe der Zeit zeigen. Mit dem allmählichen „Durchschauen" des Systems wird die gut gemeinte Idee beeinträchtigt von persönlichen Interessen, politischen Konstellationen, taktischen Rückmeldungen. Die Anonymität der Befragung verstärkt diese Begleiterscheinung!

Die Gegenargumente, die es also zu bedenken gilt, sind folgende:

- *Was wird eigentlich bewertet?*

  Unter dem Deckmantel vorformulierter Fragen wird aus einer Verhaltens- und Leistungsbewertung schnell eine Beziehungsbewertung. Da jeder Teilnehmer in einem macht- und hierarchiebetonten Umfeld, wie ein Unternehmen es darstellt, vermeintlich etwas zu gewinnen oder zu verlieren hat, wird angegeben, was nützt, nicht was erlebt und empfunden wird. Die Wahrnehmungsfilter werden verändert. Aus der Idee der Kompetenzentwicklung durch umfassendes Feedback wird ein mikropolitischer Prozess (NEUBERGER 2000, S. 56f., SCHERM/SARGES 2002).

- *Anpassungsdruck geht vor Mut*

  Dem 360°-Feedback liegt im Grunde der Benthamsche Vorschlag einer Gefängnisarchitektur zugrunde, die es ermöglicht, einen Gefangenen vierundzwanzig Stunden lang zu beobachten (Neuberger 2000, S. 44). Der Gefangene wird dadurch diszipliniert. Je stärker Macht und Autorität empfunden werden, desto größer ist die Anpassung. Reinhard Sprenger pointiert in einem Interview (Leendertse 1999): „Alle Welt schreit nach mutigen, kreativen Unternehmertypen. Mit 360°-Beurteilungen wird aber genau das Gegenteil erreicht: Man züchtet Manager, die sich aus Angst anpassen und danach schielen, ins Schema zu passen." Der Weg ist frei für das „impression management"!

- *Konfliktkultur wird verändert*

  Insbesondere anonyme Verfahren führen dazu, dass Menschen sich immer seltener persönlich und direkt sagen, was ihnen auffällt, sondern abwarten, bis sie die institutionalisierte Möglichkeit nutzen können. Die Fähigkeit, interpersonale Konfliktsituationen anzusprechen und angemessen auszutragen, geht in heutiger Zeit ohnehin zurück und diese Tendenz wird damit noch verschärft. Letztlich ein sicherer Weg, Unsicherheit und Misstrauen zu nähren.

Die Personalverantwortlichen in einem Unternehmen sollten überdenken, in welcher bestehender Kultur ein solches Instrument eingesetzt wird und ob sie die über einen längeren Zeitraum damit verbundenen Effekte in Kauf nehmen möchten. Es macht in der Wirkung einen großen Unterschied, ob ein Unternehmen ein solches Instrument punktuell oder systematisch als Beurteilungsverfahren einsetzt. Als Einmalaktion, z. B. das Einholen von Referenzen bei der externen Personalauswahl, können Umfeldbefragungen durchaus ergiebig sein. Jack Welch schreibt in seiner Biografie (2001, S. 172): „An diesem Instrument fanden wir großen Gefallen, denn mit seiner Hilfe konnten wir in den ersten Jahren jene Leute herausfiltern, die nach oben buckeln und nach unten treten. Doch, wie jedes System, das sich auf die Beiträge der Kollegen stützt, wird auch dieses mit der Zeit ausgetrickst. Die Mitarbeiter begannen, nur Vorteilhaftes über einander zu sagen, um alle gute Noten zu erhalten."

Auch wenn noch wenige aussagefähige Studien über Verhaltensänderungen aufgrund solcher Instrumente vorliegen, scheint sich eine nivellierende Tendenz zu bestätigen: „Überschätzer" stellen ihr Selbstbild kritisch in Frage, „Unterschätzer" neigen dazu, sich positiver zu bewerten.

11.2 Assessment Center

Das Assessment Center (AC) ist das wohl bekannteste Gruppenauswahlverfahren und gehört sicher zu den aufwendigsten Auswahl- und Potenzialinstrumenten. Es gibt eine große Zahl an Veröffentlichungen und Forschung dazu (JESERICH 1987, SARGES 1996, KLEINMANN 1998) mit weiteren Nachweisen. Im Assessment Center werden insbesondere für Führungsverhalten typische Situationen simuliert: Präsentationen, Gruppenübungen, dialogische Gesprächssituationen. Eine geschulte und geeignete Gruppe von Beobachtern nimmt das Verhalten der Teilnehmer auf und bildet sich in einem Harmonisierungsprozess einen Eindruck über Talente und Potenziale. Durch mehrere Beobachter und die Vielzahl an Eindrücken, die über einen Zeitraum von ein bis zwei Tagen gewonnen werden, soll die Wahrnehmung über eine Person so „verdichtet" werden, dass ein Urteil bzw. eine Entscheidung verantwortlich getroffen werden kann. Den Befürwortern dieses Instruments stehen sicher ebenso viele Ablehner entgegen.

11.2.1 *Kritische Argumente*

Kritische Argumente gibt es in methodischer und ideologischer Sicht (SARGES 1996).

Die zentralen Punkte der methodischen Kritik sind:

- *Das Assessment Center hilft bei Auswahlentscheidungen nicht weiter (prognostische Validität).*

  Tatsächlich ist die in Forschungen ermittelte durchschnittliche Vorhersagegenauigkeit (Mittelwert des Validitätskoeffizienten aus fünfzig Studien von r = .37) nicht praktisch bedeutsam (SCHULER 1998, S. 128, MAUKISCH 1986, THORNTON, GAUGLER, ROSENTHAL & BENTSON 1987). Die im Assessment Center festgestellten Personen-Merkmale von Kandidaten haben nur einen geringen Aussagewert im Hinblick auf den späteren beruflichen Erfolg. (NEUBERGER 1995, S. 76, SCHOLZ 1994, S. 24). Inwieweit kognitive Kompetenzen tatsächlich sichtbar werden, ist kritisch einzuschätzen und hängt vom kognitiven Anspruch der Aufgaben ab. Oft werden ergänzend Intelligenztests eingesetzt. Motivationale Kompetenzen werden in den extremen Ausprägungen zwar deutlich, doch diese würden auch mit anderen Methoden hinreichend sicher eingeschätzt werden können. Selbstverständlich wird jeder Teilnehmer im Assessment Center darauf achten, einen motivierten Eindruck zu hinterlassen. Bei den sozialen Kompetenzen bleibt zu klären, inwieweit sich ein Kandidat in seinem Verhalten auf eine solche Veranstaltung einstellen kann. Tendenziell fällt es bei eher introvertierten Menschen schwerer, die Potenziale zutreffend zu erheben. Das Vorwissen über das, was geprüft werden soll, Vorerfahrungen und die Qualität der Beobachter wirken verzerrend auf die Einschätzung. Das Setting des offensichtlichen Beobachtetseins verstärkt die Tendenz zum angepassten Verhalten.

- *Im Assessment Center ist nicht klar, was gemessen wird (Konstrukt- vs. Kriteriumsvalidität)*

  Mit der Konstruktvalidität soll die Frage beantwortet werden, was im Assessment Center gemessen wird (SCHULER 1998, S. 52f.). Dies ist bis heute nicht wirklich klar beantwortet. SCHULER (1989, S. 241f.). „Der festgestellte Mangel an Konstruktvalidität sollte uns darauf hinweisen, dass wir noch weit entfernt sind zu verstehen, was in einem Assessment Center vor sich geht und wie die Urteile der Beobachter zustande kommen." Das Kriterium „Kommunikationsfähigkeit" beispielsweise bezieht sich stets auf die jeweilige Übung und kann sehr unterschiedlich wahrgenommen werden. Tatsächlich kann sich ein Kandidat in den einzelnen Übungen wirklich unterschiedlich verhalten und so erheblich differenzierende Einschätzungen produzieren. Eine Rolle spielt auch, inwieweit relevante Anforderungen von Teilnehmern erkannt werden oder bekannt sind. Wenn klar ist, dass wir Konfliktfähigkeit als relevantes Kriterium beobachten, werden wir auch Beobachtungen dazu machen. Wir können aber viel schwerer sagen, in welchem Maße der einzelne Teilnehmer dieses Kriterium erfüllt.

Aus verschiedenen Studien ergeben sich folgende Erkenntnisse (KLEINMANN 1998, S. 100f.):

1. Teilnehmer erkennen in unterschiedlichem Maße die relevanten Anforderungen.

2. Erkennen die Teilnehmer die Anforderungsdimensionen, werden sie besser bewertet.

3. Wenn die Anforderungen nicht erkannt werden bzw. bekannt sind, ist unklarer, was das Assessment Center misst.

Die Schlussfolgerungen sind: Für die Personalauswahl sollten die Anforderungsdimensionen verdeckt bleiben, für Personalentwicklung ist Transparenz eher förderlich.

11.2.2 Lern-Assessment-Center

Eine Variationsmöglichkeit ist die stärkere Ausgestaltung der Methode in Richtung Lern-Assessment-Center (SARGES 1996, S. 97f., SARGES, STRACKE 2005). Hier werden Elemente von Selbstreflexion, Feedback und Lerneinheiten miteinander verbunden. Die zentrale innovative Veränderung zu herkömmlichen Assessment Center sind die Feedbacks nach jeder Übung. Zunächst geben sich die Teilnehmer in der Gruppe gegenseitig Feedback, der Moderator reichert dies durch eine kurze Schulung zu dem jeweiligen Thema und Setting an. Anschließend geben die Beobachter den Kandidaten in Einzelgesprächen Rückmeldung. Die Konfrontation von Selbst- und Fremdwahrnehmung plus Input erzeugt oft schon während der Veranstaltung Lernsprünge bei den Teilnehmern. Gleichzeitig erleben sich Führungskräfte aus dem oberen Management, die nun in der Beobachterrolle agieren, auf andere Art als in der täglichen Führungsarbeit. Das Lern-Assessment-Center ist gleichzeitig ein Wahrnehmungs- und Beurteilungstraining für Führungskräfte. Aufgrund der hohen Intensität der Veranstaltung entstehen anschließend häufig fördernde Beziehungen zwischen Teilnehmern und Beobachtern.

Voraussetzungen für ein professionelles Lern-Assessment-Center sind:

- *Erfahrene bzw. gut geschulte Beobachter*

Diese Voraussetzung ist so elementar, dass ein Assessment Center den Aufwand niemals rechtfertigt, wenn die Rückmeldungen unverständlich und nicht hilfreich sind. Beim Lern-Assessment-Center wiegt dieser Aspekt umso schwerer, da jeder Teilnehmer nach jeder Übung ein von den Beobachtern harmonisiertes Feedback erhält. Einer der häufigsten Fehler von Beobachtern ist, dass sie zurückmelden, was sie persönlich gut finden und nicht, was in Bezug auf zu beobachtende Eigenschaften relevant ist. Eine inhaltsstarke Präsentation, die logisch aufgebaut ist, aber langweilig und monoton vorgetragen wird, gefällt dem einen Beobachter, dem anderen nicht. Auf persönlichen Geschmack kommt es nicht an. Entscheidend ist, welche Hinweise auf ausgeprägtes oder limitiertes Potenzial sich ableiten lassen: Möglicherweise zeigt sich im Beispielfall analytisches Denkvermögen und eine geringe Empathie. Diese Indizien müssen im weiteren Verlauf immer weiter überprüft werden. Auch Beobachter müssen einige Zeit lernen und üben, um gut zu werden. Sie brauchen etwas Wissen über diagnostisches Arbeiten und sollten beim ersten Mal erfahrene Kollegen im Beobachtungsteam haben. Die Tatsache, dass eine Gruppe von Beobachtern ihre Eindrücke über Personen sammelt, macht das Urteil allerdings nicht unbedingt sicherer und objektiver, da alle Eindrücke demselben Set entstammen, also nicht unabhängig voneinander sind.

- *Gut dosierte Feedbacks*

Ein zweiter wichtiger Aspekt ist, dass Beobachter ein aktiver Teil des Beurteilungsprozesses sind und mit ihren Rückmeldungen auf die Motivationslage der Teilnehmer einwirken. Sie sollten im Prozess ständig die Dosierung ihrer Feedbacks überprüfen oder mit den anderen Beobachtern und Moderatoren klären. Es hilft nicht, einem Menschen, der bereits auf dem Grund ist, noch einmal deutlich zu sagen, was er alles falsch gemacht hat. Das situative Eingehen auf die Teilnehmer ist eine Angelegenheit, die viel Fingerspitzengefühl erfordert. Es kommt vor, dass sich ein Kandidat von ersten schlechten Feedbacks nicht mehr erholt. Als Faustregel kann sicher gelten, dass zu Beginn alle Kandidaten unsicher sind und motivierende Feedbacks einen guten Nährboden finden. Im Idealfall soll das Beste einer Person sichtbar werden. Genauso sollte am Ende das Gesamtfeedback berücksichtigen, dass der Kandidat Orientierungshilfe und Klarheit in dem, was er vom Unternehmen zu erwarten hat, empfängt, aber auch Respekt und Menschlichkeit. Er sollte das Gefühl haben, mit dem Ergebnis leben zu können.

- *Kompetente Moderatoren*

Die Moderatoren haben die Aufgabe, u. a. die Gruppenfeedbacks nach jeder Übung zu steuern, damit Teilnehmer auch die Wahrnehmung der Kollegen aufnehmen. Dies sollte jedoch nicht deren einzige Aufgabe sein. Im Unterschied zu den Beobachtern können Moderatoren mit kleinen Lerneinheiten, die Punkte aus der Übung herausgreifen, extrem lernbeschleunigend und vertiefend wirken. Viele Teilnehmer saugen diese Hinweise geradezu auf. Zum Beispiel sollten in einem Gruppenfeedback zu einer Präsentationsübung auch grundlegende Hinweise für eine exzellente Präsentation enthalten sein. Dazu ist Voraussetzung, dass die Moderatoren gute Kenntnisse in diesen Lerngebieten besitzen. Ein solches Vorgehen wirkt auch entlastend für die Teilnehmer, da die Veranstaltung stärker als Geben und Nehmen charakterisiert ist und damit das Gefühl des „Vorgeführtwerdens“ vermindert wird.

- *Gute Mischung des Settings und der Übungen*

In einem Lern-Assessment-Center sollte jedes Setting mindestens zwei Mal vorkommen, um etwaige Lernfortschritte zu erkennen. Verstärkt wird der Lerneffekt, wenn Übungen aufeinander aufbauen. Zum Beispiel wird ein Thema in einer Präsentationsübung von mehreren Gesichtspunkten beleuchtet und in einer folgenden Gruppenübung weiterentwickelt. Anhand der Lernfortschritte lassen sich Differenzierungen unter den Teilnehmern erkennen.

Auch wenn Assessment-Center-Verfahren insbesondere in der externen Personalauswahl nicht ohne kritischen Blick zu sehen sind, können sie in Verbindung mit Personalentwicklung einen wertvollen Beitrag zur Potenzialfeststellung und -entwicklung liefern. Durch die Einbeziehung von Führungskräften erhält die Potenzialerkennung insgesamt einen höheren Stellenwert im Unternehmen und durch das intensive Beobachten und die Vielzahl der zu gebenden Feedbacks läuft parallel ein Training für die Führungskräfte.

11.3 Tests und Persönlichkeitsverfahren

Persönlichkeitstests sind Verfahren zur Messung von emotionalen, motivationalen und zwischenmenschlichen Eigenschaften, Intelligenztests messen die allgemeinen mentalen Fähigkeiten. Die Anzahl an Testverfahren steigt seit Jahren an. Es hat sich ein Markt entwickelt, der die Unwissenheit vieler Kunden ausnützt. Hinzu kommt das Gefühl vieler Personalverantwortlicher, dass man in der Auswahl der Menschen mehr tun müsste. Der Weg, die eigenen Fähigkeiten und Talente für eine gute Potenzialdiagnostik zu entwickeln, ist übungsintensiv und lang. Deshalb wird gern auf vermeintlich objektive, neutrale Verfahren zurückgegriffen, die den Eindruck von Präzision und Sicherheit vorgeben. Der hier bestehenden Intransparenz versuchen Experten zu begegnen, indem sie DIN-Normen entwickeln, also auch wieder auf ein Testing setzen, um die Gütekriterien auf eine objektive Ebene zu heben. Selbst wenn man einer solchen Zertifizierung etwas abgewinnen kann, tauchen immer wieder Zweifel im Umgang mit dem Prozedere auf (SCHWERTFEGER 2002, S. 159f.). Das Feld der Tests und Verfahren aufzuarbeiten, würde den Rahmen dieses Buches sprengen. Es sei hier auf die einschlägige Literatur verwiesen (SARGES, WOTTAWA 2005, ROSENSTIEL 2003, SCHULER 1998).

Grundsätzlich gilt, dass man der Aussagekraft von ausführlichen Reports nicht aufgrund ihrer Länge oder bloßen Schriftlichkeit Glauben schenken sollte. Eine Unschärfe ergibt sich neben anderem auch aufgrund der Anfälligkeit vieler Persönlichkeitsverfahren für sozial erwünschte Antworten. In vielen „fake-good"-Instruktionen konnte nachgewiesen werden, dass Kandidaten in der Lage waren, sich signifikant positiver darzustellen, wenn sie dahingehend instruiert wurden (ALLIGER & DWIGHT 2000, CALDWELL-ANDREWS, BAER & BERRY 2000, ELLINGSON, SACKETT & HOUGH 1999). Besonders häufig und deutlich waren Unterschiede in den „Big-Five"-Ausprägungen feststellbar (VISWESVARAN & ONES, 1999, BARRICK & MOUNT 1991, 1996).

Viele Verfahren sind ursprünglich für bestimmte Ziele und Problemstellungen der klinischen Psychologie entwickelt worden. In Deutschland ist eine besondere Vorsicht im Umgang mit Tests feststellbar (SCHULER 1998, S. 20f.). Formelle Diagnoseverfahren sollten ausreichend objektiv, zuverlässig (reliabel) und gültig (valide) sein.

- Die Objektivität bezieht sich auf das Ausmaß, in dem die Resultate der Diagnose vom Untersucher unabhängig sind. Verschiedene Versuchsleiter sollten in Durchführung, Auswertung und Interpretation bei jeder Versuchsperson zu gleichen Ergebnissen kommen.

- Die Zuverlässigkeit eines Verfahrens zeigt sich darin, in welchem Maße es bei wiederholter Anwendung zu identischen Ergebnissen führt. Eine Waage, die bei mehreren Messungen innerhalb kurzer Zeit ein anderes Gewicht zeigt, obwohl sich nichts verändert hat, ist ein unzuverlässiges Messinstrument.

- Die Gültigkeit ist das Ausmaß, in dem ein Test, das misst, was er messen soll. Werte eines validen Intelligenztests z. B. werden nicht von der Erfahrung beeinflusst, die eine Person im Umgang mit Tests hat.

In Kombination mit anderen Verfahren können Persönlichkeitsverfahren hilfreich sein, da sie eine der wenigen diagnostischen Trainingsmöglichkeiten im beruflichen Alltag bieten. Es ist die Chance, Führungskräfte und Personalverantwortliche unabhängig von persönlichen Meinungen und Personen mit Deutungsmöglichkeiten über Menschen in Berührung zu bringen. Gerade in Auswahlsituationen gerät man schnell in die Falle erwünschten Verhaltens des Kandidaten oder eigener Wunschvorstellungen. Häufig reicht auch die Zeit nicht, um typische Verhaltensmerkmale genügend sicher herauszuarbeiten. Persönlichkeitsverfahren können da eine wichtige Orientierungshilfe geben.

Experten betonen, dass bei Auswahlverfahren nichts so wichtig ist wie die prädiktive Validität (SCHMIDT/HUNTER 1998, S. 21f.). Das angestrengte Bemühen, den zukünftigen Berufserfolg zu definieren, zeigt, wie schwer es ist, gerade dies eindeutig zu klären. Ist es das Einkommen, ist es die hierarchische Position, ist es die Schnelligkeit, mit der jemand aufsteigt? Ist es das berufsbezogene Lernen oder ist es die Einschätzung von Beurteilern, wer exzellente Leistungen bringt?

Seit über achtzig Jahren wird dazu geforscht: Validitätsschätzungen für dasselbe Verfahren und denselben Job unterscheiden sich in den verschiedenen Untersuchungen erheblich (Schmidt/Hunter 1998, S. 21f.). Die Experten führten das auf Unterschiede in den Jobs zurück, die für Arbeitsanalytiker kaum erkennbar sind, worauf man versucht hat, sich diesem Thema situational spezifisch anzunähern. Ende der siebziger Jahre kam dann die Erkenntnis hinzu, dass die meisten Unterschiede zwischen den Studien auf Messfehler zurückzuführen sind, vornehmlich durch zu kleine Stichproben.

Es gibt keine letztendliche Wahrheit bei der Personalauswahl, wir leben mit Annäherungen und Unsicherheiten. Potenziale einzuschätzen hat letztlich immer mit Überzeugungen von Menschen über Menschen zu tun. Wissenschaftliche Testverfahren sollten nicht alleinige Grundlage der Beurteilung sein, sondern mit anderen Verfahren kombiniert werden.

In Aufbau und Konstruktion qualifizierter Tests steckt häufig substantielles Wissen. Nimmt man die Ergebnisse nicht als Urteile, helfen sie, hilfreiche Hypothesen über Merkmale einer anderen Person zu generieren. Mindestens ein Mitarbeiter im Unternehmen sollte in dem genutzten Verfahren geschult sein und übergreifende Kenntnisse in menschlicher Diagnostik mitbringen.

11.3.1 Intelligenztests

Im Jahre 1923 provozierte Edwin G. Boring die psychologische Fachwelt mit der Feststellung: „Intelligenz ist das, was Intelligenztests messen!“ (Amelang & Zielinski 2001, S. 204). Die Messung der allgemeinen mentalen Fähigkeiten nimmt im Vergleich der eignungsdiagnostischen Instrumente aus mehreren Gründen einen besonderen Platz ein:

1. Die Verfahren können sowohl für Berufsanfänger als auch Berufserfahrene angewendet werden (Schmidt/Hunter 1998, S. 23).

2. Der Nachweis der Validität ist wissenschaftlich besser geführt als bei anderen Verfahren. Tausende von Studien liefern den Nachweis. Zum strukturierten Interview gibt es z. B. nur etwa hundert Validitätsstudien. Dabei spielt die allgemeine mentale Fähigkeit bei Akademiker- und Managerjobs eine noch größere Rolle (Korrelationskoeffizient .58), bei Arbeiten gänzlich Ungelernter (Korrelationskoeffizient .23) geht die Bedeutung stark zurück. (Untersuchung des amerikanischen Arbeitsministeriums, Hunter & Hunter 1984, Tabelle 2).

3. Geringe Kosten

4. Der theoretische Hintergrund ist fundierter als bei jedem anderen eignungsdiagnostischen Instrument. Intelligenztheorien werden seit mehr als neunzig Jahren von Psychologen entwickelt und getestet (Brody 1992).

Eignungs-diagnostische Instrumente	Validität (r)	Korrelation R	Validitätszuwachs durch die Ergänzung	Prozentzuwachs an Validität	Standardisiertes Regressionsgewicht – AMF	Standardisier-tes Regressior gewicht Ergär
1. Intelligenztests (AMF)	.51					
2. Arbeitsproben	.54	.63	.12	24 %	.36	.41
3. Integritätstests, Gewissenhaftigkeitstest	.41 .31	.65 .60	.14 .09	27 % 18 %	.51 .51	.41 .31
4. Vorstellungsgespräch (strukturiert); Vorstellungsgespräch (unstrukturiert)	.51 .38	.65 .58	.14 .07	27 % 14 %	.41 .44	.41 .27
5. Test zum Berufswissen	.48	.65	.07	14 %	.36	.31
6. Probezeit	.44	.58	.07	14 %	.40	.20
7. Peer ratings	.49	.58	.07	14 %	.35	.31
8. Verhaltenskonsistenzmethode	.45	.58	.07	14 %	.39	.31
9. Überprüfung der Referenzen	.26	.57	.06	12 %	.51	.26
10. Berufserfahrung (Jahre)	.18	.54	.03	6 %	.51	.18
11. Erfassung biografischer Daten	.35	.52	.01	2 %	.45	.13
12. Assessment-Center	.36	.52	.01	2 %	.44	.14
13. T & B – Punktmethode	.11	.52	.01	2 %	.39	.29
14. Ausbildungszeit	.10	.52	.01	2 %	.51	.10
15. Interessen	.10	.52	.01	2 %	.51	.10
16. Graphologie	.02	.51	.00	0 %	.51	.02
17. Alter	.01	.51	.00	0 %	.51	.01

Abb. 20: Die prädiktive Validität von Intelligenztests

Die Tabelle zeigt die prädiktive Validität von Intelligenztests in Kombination mit einem zweiten Verfahren. Die Übersicht fasst die Forschungsresultate aus zwanzig Jahren über Meta-Analysen zusammen. Man kann davon ausgehen, dass bei einer Korrelation bis ungefähr 0.50 die Aussagefähigkeit eingeschränkt ist. Deshalb sollten die Ergebnisse nicht als Wahrheit, sondern als erweiternde Hinweise verstanden werden (BROCKE 2000, S. 235f.).

Ein professionell entwickelter Intelligenztest, der mit einer Testgruppe zweimal im Zeitraum eines Jahres durchgeführt wird, weist beispielsweise eine geringere Korrelation zwischen den beiden Messzeitpunkten auf. Dies bedeutet, dass selbst die besten Intelligenztests Messfehler aufweisen (SCHMIDT/HUNTER 1998, S. 18).

Zweitens sind bei diesen Tests Problemstellungen in einer klar definierten Weise vorgegeben. Man kann kritisch fragen, ob die Ergebnisse auch Gültigkeit haben, wenn der Kandidat die Problemdefinition selbst vornehmen oder den Aufgabenbereich selbst strukturieren muss. In sich verändernden Unternehmen stellen sich diese Herausforderungen täglich. Was ist mit den kreativen Seiten der Intelligenz?

Drittens sind die Regeln der allgemeinen Logik im alltäglichen Leben oft nicht von Nutzen: Die Welt würde anders aussehen. Situative und emotionale Einflüsse wären darin nicht vorgesehen.

Wie zutreffend Menschen Situationen analysieren und Schlüsse ziehen, hängt stark auch davon ab, wie vertraut sie mit einem Thema sind. Je mehr Kenntnis vorliegt, umso leichter fällt es, Zusammenhänge zu erkennen und danach zu handeln. Am besten kommt man mit Aufgaben zurecht, die viele bekannte Elemente enthalten. Dieser Sachverhalt ist zum Beispiel in Studien mit Schachspielern belegt worden: Erfahrene Schachspieler waren weniger erfahrenen Schachspielern überlegen (erkannten schneller Spielsituationen etc.), auch wenn die Unerfahrenen höhere Intelligenzwerte nachwiesen. Wissen kann Intelligenz schlagen (STERN 2003, S. 65). Lediglich bei gleicher Erfahrungsgrundlage hatte der intelligentere Spieler Vorteile.

11.3.2 Integritäts- und Gewissenhaftigkeitstests

Integrität spielt stets eine wesentliche Rolle bei der Beurteilung einer Persönlichkeit, und Gewissenhaftigkeit hat immer mit der Güte von Arbeit zu tun.

In der Industrie werden Integritätstests angewendet, um im Vorwege Kandidaten auszufiltern, die später unangenehm auffallen könnten. Wie bedeutsam Integrität in Aufgabenbereichen ist, bei denen es auf wirksamen zwischenmenschlichen Umgang ankommt, ist beschrieben worden. Bezüglich der Eigenschaft „Integrität" konnte eine bemerkenswerte Validität nachgewiesen werden (ONES, VISWESVARAN & SCHMIDT 1993). Doch die Integrität einer Person über den Einsatz eines Testverfahrens herzuleiten, sollte wohl überdacht werden. Häufig wird diese dabei aus Episoden aus der Vergangenheit hergeleitet. Vereinfacht: Wer früher einmal geklaut hat, dessen Integrität steht auch heute in Frage. Verhaltensnormen werden im Laufe der Lebensentwicklung, gebildet, gefestigt oder auch verändert. Dieser Aspekt kommt dabei zu kurz. Die Verfahren laufen in der Regel über die Herausgeber des Tests (zur Kontrolle der vertraulichen Bewertungsschlüssel) und sind recht teuer, was auch die praktische Einsetzbarkeit erschwert (SCHMIDT/HUNTER 1998, S. 26). Bezüglich der zugrunde liegenden Persönlichkeitsmerkmale hat sich gezeigt, dass Integritätstests hauptsächlich Gewissenhaftigkeit messen, mit Komponenten der Verträglichkeit (SCHULER 1998, S. 28). Die Veränderung von Testwerten aufgrund von „faking"-Instruktionen ist auch bei Integritätstests belegt (ALLIGER & DWIGHT 2000, ONES & VISWESVARAN 1998, RYAN & SACKETT 1987, MORETTI & TERRIS 1983).

11.3.3 *Motivationstests*

Der Einsatz von Motivationstests kann trotz intensiver Motivationsforschung (BRANDSTÄTTER & GOLLWITZER 1998) kritisch betrachtet werden. Nach SCHULER (1998, S. 114) steht bis heute kein zufrieden stellendes Auswahlverfahren zur Messung der allgemeinen Leistungsmotivation zur Verfügung.

Ein Ansatz ist, individuelle Interessen zu erheben. Interessenstests erfassen Tätigkeitsvorlieben und -anreize (BRICKENKAMP 1990, RHEINBERG 2004, S. 51f.). Allerdings muss genau hinterfragt werden, was konkret die Handlung auslöst. Wenn jemand gerne den Sportteil einer Zeitung liest, muss er nicht zwangsläufig gerne lesen. Möglicherweise hat er aber Interesse an allem, was mit Sport zu tun hat (RHEINBERG 2004, S. 51).

Als Methode zur Messung der Leistungsmotivation werden in der Psychologie Projektionsverfahren angewendet (MCCLELLAND 1976). Einer Versuchsperson wird beispielsweise ein Bild vorgelegt, wozu sie ihre Gedanken und Fantasie beschreiben soll.

Die überragende Bedeutung motivationaler Aspekte wird immer stärker erkannt, so dass in den letzten Jahren zunehmend Verfahren entwickelt worden sind: Selbsteinschätzungen, Fragebögen zur Erfassung motivationaler Selbstbilder (RHEINBERG 2004), auch Verfahren zur Unterscheidung von Handlungs- und Lageorientierung (KUHL & BECKMANN 1994, KUHL 2003) und der Lust-auf-Arbeit-Test (SARGES 2002).

11.4 Graphologie

Unter Graphologie versteht man den Rückschluss von der Handschrift auf den Charakter, zumindest auf einige Eigenarten des Menschen. Doch der Zusammenhang von Lesen, Schreiben und Denken ist im Zeitalter der Medien aus den Fugen geraten. Der Abschied von der Schriftkultur ist längst vollzogen. Dennoch spielt die Graphologie in einigen Ländern (Frankreich, Schweiz, Israel) noch eine beachtliche Rolle bei Auswahl- bzw. Beurteilungsprozessen. Als Begründer der Graphologie kann vermutlich ABBE MICHON mit seinem 1875 veröffentlichten Werk „Systeme de graphologie" gelten. Diese Schrift hat in Frankreich wesentliche Bedeutung erlangt.

Die Unterschrift ist schon viele Jahrhunderte als etwas Unverwechselbares, Einmaliges und höchst Persönliches anerkannt. Schreiben ist differenzierte Körpersprache auf feinmotorischer Ebene. Viele glauben z. B., weibliche und männliche Schrift unterscheiden zu können. Die Graphologie ist zwar keine Wissenschaft, die Analyse erfolgt dennoch methodisch aufgrund bestimmter Ordnungssysteme. Dazu gehören u. a. die Raumsymbolik, die Bildsymbolik und die Erfahrungslehre, also die Beobachtung und der Vergleich sehr vieler Schriften mit der Persönlichkeit des Urhebers. Sicher braucht man für eine einigermaßen fundierte Analyse viel mehr Schriftproben als heute in Bewerbungen mitgeliefert werden. Dennoch lassen sich hin und wieder aus mancher Unterschrift Indizien in Bezug auf einige Eigenschaften wie Kontaktfreudigkeit, Spontaneität, Beharrlichkeit, Durchsetzungsvermögen, Kreativität, Energie, Antriebsstärke, Leistungsmotivation, Selbstbewusstsein, emotionale Offenheit ableiten.

Eine Beschäftigung mit Graphologie lohnt, weil es die systematische Beobachtung und Analyse schult. Man muss kein ausgebildeter Graphologe sein, um einige (begrenzte) Informationen über eine Persönlichkeit zu folgern (Ben-Shakhar 1986).

11.5 Planspiele

Betriebswirtschaftliche Unternehmensplanspiele gibt es in Form von Computersimulationen. Die historischen Wurzeln liegen im Bereich militärischer Vor- und Nachbereitung von kriegerischen Auseinandersetzungen (Thomas 1961). Durch den Spiel- und Wettbewerbscharakter entwickelt sich häufig eine soziale Dynamik, die neben strategischem Denken auch soziale und motivationale Kompetenzen erlebbar macht. Planspiele sind zeitaufwändig, dauern zwei bis drei Tage, werden in der Regel über externe Anbieter durchgeführt bzw. bezogen. Eine Eigenentwicklung ist umfangreich. Reizvoll ist, verschiedenartige Gruppen einzubeziehen: Führungskräfte, Nachwuchskräfte, Studenten.

Planspiele können durchaus als Alternative zu Assessment Center angesehen werden, zumal Assessment-Übungen gut eingearbeitet werden können und Planspiele eine größere Zahl an Teilnehmern erlauben (zwanzig bis fünfundzwanzig). Allerdings muss eine professionelle Beobachterbegleitung sichergestellt sein.

Umfang und Realitätsnähe, die Möglichkeit, komplexe Denkhandlungen auszulösen und die Aktivierung affektiver und motivationaler Prozesse machen Planspiele zu einem Auswahlinstrument, das Beachtung verdient (Fassheber 2000, S. 615). Insbesondere die Analyse denkpsychologischer Prozesse auf Individualebene brachte bereits innovative Befunde (Dörner 1994), insbesondere in motivationaler Sicht: Erfolgreiche Versuchspersonen konzentrierten sich auf das

Wesentliche (Überblicksdenken), waren bei schwierigen Problemstellungen ausdauernder, wählten mittelhohe Ziele und hatten über alle Perioden einen konstanten, hohen Grad an Eigenmotivation. Weniger Erfolgreiche hatten am Anfang hohe Motivation, die im Laufe der Perioden gesunken ist. Allerdings ist nicht geklärt, inwieweit Vorwissen Vorteile bringt und das erlebte Verhalten von Teilnehmern im Planspiel repräsentativ ist (Fassheber 2000, S. 615).

Bei Assessment Centern, in denen ein Planspiel integriert war, ergab sich im Vergleich zu anderen Gruppenübungen auch eine signifikante veränderte soziale Architektur im Gruppenverhalten (Erfahrungen aus Assessment Centern für Führungsnachwuchs bei Otto). Teilnehmer, die die Eingaben im Computer machten, hatten in der Regel eine dominierende Rolle. Das waren Teilnehmer, die im Umgang mit dem Computer vertraut und in anderen Übungen oft introvertierter aufgetreten waren. Teilnehmer, die bislang keinen Bezug zu betriebswirtschaftlichen Begriffen hatten, waren in der Regel nicht in der Lage, in der Weise den Gruppenprozess zu beeinflussen, dass sie genügend schnell Verständnis über die Zusammenhänge aufbauen konnten. Ihre Fähigkeit zum Wissenserwerb konnte aufgrund der engen Zeitvorgabe nicht genutzt werden. Im Laufe des Prozesses gab es regelmäßig eine kleine Gruppe, die inhaltlich führte, und eine Gruppe von Teilnehmern, die aufgegeben hatten. Das Geschehen konzentrierte sich stark um den Computer herum, so dass schon die Sitzordnung Vor- oder Nachteile produzierte.

Um über ein„anregendes Spiel mit Augenscheinvalidität" (Kluwe 2000, S. 575) hinwegzukommen, müssen insbesondere die computergestützten Planspiele eingehender auf Validität überprüft werden. Insofern ist der Einsatzbereich in der externen Auswahl wohl zu prüfen, als internes Lern-Assessment-Center mit geleiteten Gruppenfeedbacks bringt es viel Lernerfahrung, nebenbei Spannung und manchen Hinweis.

11.6 Mitarbeiterbeurteilungen

Systeme und Verfahren können nicht Urteilskraft ersetzen durch Pseudoquantifizierung. Das Ergebnis ist immer dasselbe: Scheingenauigkeit, Scheinobjektivität und der Ersatz von Verantwortung durch formale Rituale.

Fredmund Malik

Mitarbeiterbeurteilungen gehören in deutschen Unternehmen zu den häufigsten Verfahren interner Personalauswahl (nach Interview und Vorschlag durch direkten Vorgesetzten) (SCHULER 1993). Dennoch kann man sagen, dass Mitarbeiterbeurteilungen im Hinblick auf Potenzialaussagen in der Praxis überschätzt werden: In der Substanz sind sie Beziehungsbewertungen mit hierarchisch vorgegebenen Rollen. Der Beurteilungsvorgang ist nicht transparent und wird nicht objektiviert. Aus konzeptualer Sicht stellt sich das Ergebnis der Beurteilung als das Resultat von Tauschverhandlungen der Beteiligten dar. FREDMUND MALIK schlussfolgert: „Wie groß auch der Aufwand bei der Erstellung des Systems und dann noch einmal bei der Schulung und Anwendung war, im Ergebnis führt es zu etwas, das niemand wollte – nämlich nichtssagende Beurteilungen – und zu der Information, dass wir viele mittelmäßige Leute in unserer Organisation haben. Diese Erkenntnis kann man billiger und einfacher haben.“ (MALIK 2001, S. 365f.)

Wenn man diese Grenzen anerkennt, können Mitarbeiterbeurteilungen dennoch einen guten Nutzen für eine leistungsfördernde weitere Zusammenarbeit stiften. Dann rückt das System in den Hintergrund zugunsten eines Dialogs im wohlverstandenen Sinne. Beide Seiten werden schlauer. Vielen Führungskräften wird beim Beurteilungsvorgang klar, wie wenig sie über die zu beurteilende Person wissen. Dann sind sie ein wichtiges Instrument, mit dem eine Führungskraft Begründungarbeit leisten kann und der Mitarbeiter einen Raum hat, in dem ihm der Vorgesetzte zuhören muss.

Institutionalisierte Beurteilungen haben auf jeden Fall einen verhaltenssteuernden Effekt. Schon das Wissen, dass man beurteilt wird, hat eine vorbeugende Wirkung. Überspitzt formuliert: Das Stattfinden von Beurteilungen ist wichtiger als die Beurteilung selbst. Doch dies wirkt sich häufig in einer Motivationsverschiebung aus: Viele Mitarbeiter trachten vor allem danach, bei der Führungskraft einen positiven Eindruck zu hinterlassen, um eine positive Beurteilung zu erreichen. Ob die Leistungsmotivation wie beabsichtigt steigt, bleibt unklar. Letztlich ist es die Frage, ob man ist, wie man beurteilt wird oder wird, wie man beurteilt wird (NEUBERGER 1998, S. 35).

Trotz dieser kritischen Bestandsaufnahme gibt es eine Reihe von Gründen, die für eine Mitarbeiterbeurteilung sprechen: Zum einen ist es eine Möglichkeit, sich über den Leistungsstand, die Motivation und persönlichen Fähigkeiten des Mitarbeiters auszutauschen. Mitarbeiter erhalten Anerkennung für gute Leistungen und damit einen positiven verhaltenssteuernden Impuls. In einer wachsenden Dienstleistungsgesellschaft wird es zum anderen immer wichtiger, wie sich die Mitarbeiter verhalten, wie sie ihre Handlungsspielräume bei der Aufgabenerfüllung nutzen. Durch Rückmeldungen lernt man sich besser kennen. Es fordert, aufmerksamer zu beobachten und es hilft, realistische Ziele aufzustellen. Für das Erkennen und Fördern von Potenzialen kann es eine hilfreiche Annäherung sein.

10.8 Selbstbeurteilungen

Bei vielen Methoden der Potenzialeinschätzung kommt die Anregung, sich selbst kritisch und klärend mit den eigenen Möglichkeiten und Perspektiven auseinander zu setzen, zu kurz. Sicher sollte eine Potenzialbeurteilung dazu führen, die betreffende Person besser zu verstehen und eine zukünftige Perspektive zielsicherer unterstützen zu können. Letztlich sollte sie aber dazu führen, dass die Person selbst sich besser kennen lernt und für sich abschätzen kann, welcher Weg der Richtige ist. Die Entscheidung über den eigenen Berufsweg trifft am Ende jeder selbst. Die Selbstverantwortung für die eigene Entwicklung wird über Selbstbeurteilungen gefördert. Diese werden in Japan als Teil des Zielvereinbarungs- und Potenzialentwicklungssystems seit vielen Jahren stärker und systematischer genutzt als in Deutschland (ESSER/KOBAYASHI 1994, INOHARA 1990).

Beim Selbstbeurteilungsbogen von Sony z. B. trifft der Mitarbeiter Einschätzungen bezüglich der Herausforderung in seiner Aufgabe, der Qualität und Quantität seiner Arbeit und in Hinblick auf die menschlichen Beziehungen. Darüber hinaus kann er Angaben über seine berufliche Situation hinaus machen, Angaben, die er dem Unternehmen mitteilen möchte, z. B. zu seiner gesundheitlichen, familiären Situation, zu Fähigkeiten und Erfahrungen außerhalb des Jobs (ESSER/KOBAYASHI 1994, S. 390f.). Häufig gehört auch dazu, die persönlichen Ziele für das kommende Geschäftsjahr daraus zu entwickeln.

Bei externer Personalauswahl gehört die Selbsteinschätzung zu jedem professionellen Auswahlprozess. Diese Erkenntnismöglichkeit kann man auch später systematisch nutzen. Schwankungen in der Übereinstimmung von Selbsturteilen und anderen Beurteilungsquellen sind zu erwarten (ESSER 1995, S. 650). Dies trifft insbesondere auf die Bewertung der eigenen Leistung zu (DONAT 1991). Gerade darüber sollte man sich austauschen. Beispiele zeigen, dass Mitarbeiter erheblich kritischer und vorsichtiger mit Entscheidungen umgehen, wenn sie sie selbstverantwortlich treffen und wenn die Entscheidung folgenschwer ist. Ricardo Semler, Chef des brasilianischen Unternehmens Semco, hat die Mitarbeiter sogar ihr Gehalt selbst festlegen lassen und konnte in fünfundneunzig Prozent der Fälle den Vorschlag sofort akzeptieren. Bei Selbstbeurteilungen kommt die Führungskraft eher in die Rolle des Beratenden, Kommentierenden. Wenn es um die Einschätzung des zukünftigen Potenzials geht, muss man gemeinsam daran arbeiten. Ein hawaiianischer Spruch lautet: „It's easier to ride a horse the way he's going."

Zusammenfassung

Die Wahl der richtigen Auswahl- und Potenzialinstrumente ist schwieriger, als es auf den ersten Blick erscheinen mag. Es ist schon schwer, die Anzahl an Verfahren zu überschauen. Wenn man sich für ein Instrument entschieden hat, ist noch nicht garantiert, dass es auch wirksam genutzt wird.

Grundlage des gesamten Potenzial- und Auswahlprozesses ist das Gespräch. Irgendwann muss man sich persönlich miteinander beschäftigen! Damit ein solches Gespräch ergiebig wird, braucht es Klarheit in der Sache und die Zuwendung zur Person. Die Klarheit gewinnt man nicht durch Fragenkataloge oder starre Interviews, sondern indem man aufmerksam zuhört und ehrlich hinterfragt, was interessiert. Die Qualität des Gesprächs hängt entscheidend von der Beziehung ab, die zwischen den Beteiligten besteht und entsteht. Nur vorbehaltlose Offenheit und Respekt für den anderen entwickelt das Interview zu einer intensiven Unterhaltung, zu einer menschlichen Begegnung. Das Gespräch sollte jedoch durch weitere Verfahren, die sich gut kombinieren oder integrieren lassen, ergänzt werden. Die Qualität der Einschätzung wird damit erhöht.

Für die externe Auswahl bieten sich kürzere, praktische Verfahren an, die das grundlegende Profil eines Menschen verdeutlichen. Diese kann man selbstverständlich auch intern gut einsetzen.

Für die interne Potenzialerkennung werden häufig 360°-Feedbacks genutzt, die allerdings bei systematischem Einsatz mit der Zeit an Wirkung verlieren.

Assessment Center haben die bekannten Messungenauigkeiten, bieten jedoch eine gute Möglichkeit, das Einschätzen von Menschen als internes Training zu etablieren. Hier bieten sich insbesondere Lern-Assessment-Center an, die das gemeinsame Erarbeiten von Potenzialen ermöglichen.

Mitarbeiterbeurteilungsgespräche erfüllen eine wichtige Funktion in der Führungsarbeit, sollten jedoch für die Potenzialeinschätzung nicht allein herangezogen werden. Der vielversprechendste Weg ist es, Instrumente zu nutzen, die die Ausbildung diagnostischer Fähigkeiten unterstützen.

V Anregungen zu einem wirksamen Prozess externer und interner Potenzialerkennung

12 Externe Personalauswahl

Die vier Dimensionen professioneller Potenzialerkennung sind beschrieben. Wie können diese Erkenntnisse nun in einen betrieblichen Ablauf integriert werden? Im nachfolgenden beschriebenen Prozess der Bewerberauswahl wird der sinnvolle Einsatz von Instrumenten beispielhaft beschrieben.

12.1 Anforderungsprofil

Zunächst sollte man von der Annahme ausgehen, dass nicht wirklich klar ist, was man sucht. Ein Anforderungsprofil ist nie fertig! Es hilft nicht weiter, genaue Begriffsdefinitionen und Ausprägungen festzulegen, viel mehr sollten grundlegende Persönlichkeitsdispositionen besprochen werden, auch wenn es schwer ist, im Vorhinein alles konkret zu beschreiben. Deshalb ist es noch wichtiger zu klären, ob die Entscheider in die gleiche Richtung denken. Viel Erkenntnis liegt auf dem Weg und Diskrepanzen, die am Anfang nicht ausgesprochen und geklärt werden, sorgen am Ende für ein böses Erwachen. Der Einsatz eines objektivierenden Instruments (z. B. PRO, siehe S. 158) zur Aufnahme der Vorstellungen der einzelnen Personen bereichert diese Diskussion. Weiterhin ist es hilfreich, zu klären, wie der weitere Such- und Auswahlprozess gestaltet werden soll.

12.2 Qualifizierte Vorauswahl

12.2.1 Filter: Selektion von Bewerbungsunterlagen

In vielen Fällen ist das Lesen der Bewerbungsunterlagen bereits der einzige Filter in der Vorauswahl. Sicher kommt man nicht umhin, eine grobe Negativselektion vorzunehmen. Dies ist aber auch nur die Entscheidung, wer *nicht* in Frage kommt. Im Schnitt werden zehn Minuten pro Bewerber investiert und die Urteile werden überwiegend der Subjektivität der Vorauswählenden überlassen (MOHR 1990).

Immerhin hängt die Qualität der Endauswahl schon von dieser Vorauswahl ab. Welcher Kandidat vielversprechend sein könnte, ist schwer zu erkennen. Dies bestätigt auch eine nicht veröffentlichte Studie (SARGES 1994), in der bei besonders erfolgreichen Mitarbeitern aus vier Unternehmen (Zugehörigkeit drei bis fünf Jahre) siebenundvierzig Merkmale aus früheren Bewerbungsunterlagen überprüft wurden. Zwar gab es statistisch relevante Ergebnisse, z. B. ob ein Bewerber Hobbys angegeben hat, die Ergebnisse erzielten jedoch in der Praxis keine nachhaltige Wirkung.

Es wäre eine große Hilfe, wenn man aus den Bewerbungsunterlagen bereits genügend sicher sagen könnte, wen es lohnt, einzuladen. Die Schwierigkeiten in der Interpretation von Lebenslaufdaten und Angaben aus Bewerbungsunterlagen sind in den letzten Jahren allerdings noch gestiegen. Hauptgründe sind zum Ersten die Wiedervereinigung mit Lebensläufen, die sich für einen westdeutschen Personalexperten bis heute kaum erschließen.

Zum Zweiten haben sich die Regeln für die Verweildauer an beruflichen Stationen durch die Internetzeit erheblich verändert. Viele, die sich damals ins Abenteuer gestürzt haben und gestürzt sind, waren erfolgshungrig, motiviert. Sie haben vielleicht in vier Jahren drei Stationen im Lebenslauf, womit derjenige lange Zeit als „Job-Hopper" identifiziert worden wäre. Heute können sich mutige, ideenreiche Kandidaten dahinter verbergen.

Zum Dritten wirkt sich die Internationalisierung immer stärker aus. In manchen Ländern ist beispielsweise ein Bewerbungsfoto nicht üblich, manchmal sogar aus Diskriminierungsgründen verboten. In Deutschland ist es noch ein Makel, sich ohne Bewerbungsfoto zu bewerben. Auch auf die Ordentlichkeit und Struktur der Unterlage wird in Deutschland mehr Wert gelegt als in vielen anderen Ländern. Und es gibt immer mehr Nachweise in Fremdsprachen.

Ein weiterer Effekt ist die Verlagerung des Bewerbungsprozesses auf Onlineverfahren. In vielen Unternehmen gibt es für die Bewerbung dafür vorgesehene Bewerbungsmasken, die Differenzierungen in der Gestaltung von Unterlagen erschweren. Beim Lesen der Unterlage sollte man sich deshalb zunächst einen allgemeinen Eindruck bilden. Ist es eine knappe oder ausführliche Unterlage? Aus welcher Gegend kommt der Bewerber, ist er in kleinen oder großen Orten aufgewachsen? Gibt es Hinweise auf die Sozialisation? Wie ist der Sprachstil, ist es ein kurzes oder längeres Anschreiben, eher sachlich oder eher persönlich gehalten?

Um über eine Einschätzung aufgrund persönlichen Geschmacks hinauszukommen, sollten die Informationen aus den Bewerbungsunterlagen bereits strukturiert aufgenommen werden. Im Grunde beginnt die Hypothesenbildung bereits hier. Alles, was aus der Norm fällt, sollte registriert werden, es könnte diese Person gut charakterisieren. Bewerber, die außergewöhnlich einfühlsame Worte im Anschreiben finden, geben vielleicht einen ersten Hinweis auf soziale Fähigkeiten. Bewerber, die hinter jeden Abschluss im Lebenslauf nicht nur die Note schreiben, sondern eine Bewertung: „oberste fünf Prozent des Jahrgangs" etc., geben vielleicht schon einen Hinweis auf selbstempfundene Bedeutung, auf motivationale Aspekte mit den möglichen Begleiterscheinungen bei den sozialen Aspekten. Bewerber, die z. B. ihren Lebenslauf als Flussdiagramm darstellen, bieten sicher ein Indiz für Logik und Strukturiertheit, haben aber vielleicht nicht berücksichtigt, dass viele Menschen ungeübt sind im Lesen von Flussdiagrammen (Einfühlsamkeit). Bei Bewerbern, die im Anschreiben Referenzen angeben, sollte die Substanz der weiteren Angaben kritisch geprüft werden, aber: In einigen Ländern (z. B. USA) sind Referenzen völlig normal. Es ist auch festzustellen, dass mehr und mehr Bewerber sich einen Vorteil davon versprechen, sich über die Geschäftsführung zu bewerben. Wenn die schwierige Marktsituation und nicht die persönliche Bekanntschaft zu einem Vorstand der Grund für dieses Vorgehen ist, handelt es sich möglicherweise um eine initiative Person. Ebenso müsste die Annahme geprüft werden, ob sie es nötig hatte, sich auf diesem Weg einen vermeintlichen Vorteil zu verschaffen.

Das Bilden von Hypothesen ist die bewusste Arbeit mit Vorurteilen, es gibt hier zunächst keinen moralischen Maßstab. Relevant ist, was Hinweise geben könnte auf die zentralen Potenzialkriterien. Im weiteren Prozess dienen die Hypothesen als wichtige Anhaltspunkte, um einen ersten Kontakt mit dem Kandidaten über Telefon zu qualifizieren.

12.2.2 Filter: Telefoninterview

Telefoninterviews als erste persönliche Kontaktaufnahme sind in den letzten Jahren stärker in Mode gekommen, allerdings weniger, um den Auswahlprozess zu qualifizieren als vielmehr, um Kosten unnutzer Bewerbergespräche zu reduzieren. Es gibt in den USA Firmen, die über Anrufbeantworter Informationen über die Stelle und das Unternehmen geben und dann darum bitten, dass der Bewerber einen Kommentar auf das Band spricht. Damit sind die Möglichkeiten, die in der professionellen Nutzung eines solchen Instruments stecken, nicht ausgeschöpft. Für ein ergiebiges Telefoninterview braucht es die gleiche Gesprächsqualität wie bei einem Bewerbergespräch. Wer die Gesprächstechniken nicht beherrscht, wird auch hier nicht viel weiter kommen, als Gehalt und Wechselmotiv abzufragen.

Ein Telefoninterview hat gegenüber dem persönlichen Gespräch noch einige Besonderheiten: Nichtverbale Informationen gehen verloren. Man erlebt, wie viel an Verständnis über nichtverbale Kommunikation geschaffen wird. Ralph Waldo Emerson sagte: „Wie du bist, sagt so viel mehr, dass ich kaum höre, was du sprichst". Selbst nach einem intensiven Telefongespräch sind wir nicht in der Lage, die andere Person äußerlich zu beschreiben oder wir liegen oft stark daneben.

Manchen hilft es, das Bewerbungsfoto des Gesprächspartners vor sich zu haben. Es zeigt den Bewerber in der Regel von der positiven Seite, das Vorstellen fällt leichter. Weiter spielt die Sitzhaltung unterschwellig eine Rolle. Die Stimme ist das Fenster, sie wird fein aufgenommen und interpretiert. Gesprächstrainings, durchgeführt in den komplett dunklen Räumlichkeiten der Ausstellung „Dialog im Dunkeln" in Hamburg, zeigten, dass Stimmexperten kein Problem haben, anhand der Stimme die Sitzhaltung zu erkennen.

Während beim persönlichen Gespräch Schweigen Aufmerksamkeit und Zuwendung für den Gesprächspartner bedeuten kann, existiert der Mensch am anderen Ende der Leitung im Grunde nicht, wenn er nichts sagt. Schweigen irritiert viele Menschen am Telefon. Man kann nicht erkennen, ob der andere überlegt, konzentriert zuhört oder sich mit etwas anderem beschäftigt. Es ist interessant, ob und wie der Gesprächspartner auf Schweigen reagiert, dennoch sollten im Gespräch immer wieder Signale des aufmerksamen Zuhörens gegeben werden. Es hilft grundsätzlich, immer wieder motivierende Impulse zu geben, entgegenkommend zu kommunizieren.

Menschen, die auf die Beziehungsseite in Telefongesprächen wenig achten, wirken oft hart, überlegen und alt. Worte wirken schärfer, kleine Unachtsamkeiten, Feedbackschleifen sind als Gesprächselement auch am Telefon wirkungsvoll: „Mir kommt es vor, dass Sie erstaunt sind, dass ich an dieser Stelle so nachfrage?“ Und auch hier gilt, aufrichtig zu fragen, was interessiert und einfach zu formulieren, z. B. verneinte Konstruktionen vermeiden. Viele trauen sich am Telefon nicht nachzufragen, „Was meinen Sie damit?“ oder „Was heißt das?“

Mit einem professionellen Telefoninterview kann der Auswahlprozess erheblich qualifiziert werden. Daneben gibt es noch eine Reihe von weiteren Vorzügen: Telefoninterviews sind in der Regel kürzer als ein persönliches Gespräch. Es ist für beide Seiten komfortabel: Die Terminierung sollte genauso verbindlich vorgenommen werden wie beim persönlichen Gespräch. Der Bewerber wählt Ort und Zeit. Viele Gesprächspartner nehmen sich frei, sorgen dafür, dass sie ungestört sind. Das sollte auch für den Interviewer gelten. Ein Telefoninterview konzentriert zu führen ist schwer, wenn man ständig abgelenkt wird. Das telefonische Bewerbergespräch ist wirtschaftlich, weil es weder Anreisekosten noch zusätzliche Zeit beansprucht. Es erzeugt darüber hinaus eine stärkere Bindung im Vergleich zu der traditionellen schriftlichen Kontaktaufnahme. Es ermöglicht eine schnelle Reaktion durch die sofortige Kontaktmöglichkeit. Es ist fair, da Äußerlichkeiten ohne Einfluss bleiben, was die Offenheit z. B. bei introvertierteren Bewerbern unterstützt. Und es wirkt professionell, wenn es mit Anspruch und einer persönlichen Note geführt wird.

12.2.3 Filter: Einsatz eines Verfahrens/Tests

Der Einsatz eines ergänzenden Verfahrens wie der beschriebene Predictive Index, sichert und qualifiziert den Auswahlprozess. Ein geeigneter Zeitpunkt ist nach einem Telefoninterview, wenn der Kontakt mit einem Kandidaten vertieft werden soll. Der Austausch über die Auswertung kann dann im ersten persönlichen Gespräch erfolgen. Man kann die Auswertung auch abwarten, um sich dann für eine telefonische oder persönliche Rückmeldung zu entscheiden. Ein Feedback sollte auf jeden Fall Pflicht sein. Deshalb ist ein Einsatz an dieser Stelle eher zu empfehlen als zu Beginn des Prozesses. Eine passende Möglichkeit für den Einsatz eines Verfahrens gibt es auch zwischen Erst- und Zweitgespräch.

12.3 Persönliche Bewerbergespräche

12.3.1 Mehrere Gesprächspartner einbeziehen ...

Ein guter Auswahlprozess ist keine One-Man-Show, sondern braucht qualifizierte Gesprächspartner. Keine zwei Menschen sehen einen anderen auf die gleiche Weise. Dabei sind insbesondere Nähe und Distanz zur Personalentscheidung zu berücksichtigen. Jede einbezogene Person sollte aus ihrer jeweiligen Sicht eine Einschätzung vornehmen: Die Führungskraft sieht den zukünftigen Mitarbeiter, der Mitarbeiter den zukünftigen Kollegen, der Kollege aus dem Führungsteam einen möglichen Partner oder späteren Mitarbeiter, der nächsthöhere Chef das weitergehende Potenzial für zukünftige Führungsaufgaben, der Personalexperte das grundlegende Potenzial und vielleicht die Passung zum Unternehmen. So steigt die Wahrscheinlichkeit, dass mehr Aspekte einer Persönlichkeit erfasst werden, die eine Person allein niemals bemerkt hätte.

Trotz der Empfehlung, mehrere Personen in den Prozess einzubeziehen, sollten Personalentscheidungen nicht demokratisiert werden. Entscheiden müssen diejenigen, die Verantwortung dafür tragen. Ein gemeinsames Erst- und Zweitgespräch ist in vielen Unternehmen die Regel. Das zweite Gespräch leidet oft an Wiederholungen, weil ein weiterer Gesprächspartner dazu gekommen ist, der Gleiches oder Ähnliches erfragt. In einer Studie zur Personalanwerbung und -auswahl (Psychologie Transfer 1997) ist festgestellt worden, dass es zu oft eine Mehrfachbeteiligung von wenig vorbereiteten Personen im Prozess gibt. Wenn Rekrutierungsprozesse professionell installiert sind, sparen Führungskräfte Zeit für ihre eigentliche Aufgabe, weil sie weniger Bewerbungsunterlagen lesen und weniger Bewerbergespräche führen müssen.

12.3.2 ... aber nicht alle zur gleichen Zeit

In den Bewerbungsprozessen „menschelt" es wie in so vielen anderen betrieblichen Abläufen auch. Es wird weggehört und unterbrochen, monologisiert und gesprungen – und alles ist menschlich. Menschlich, aber nicht professionell. In einem solchen Durcheinander ist es unmöglich, konzentriert gemeinsam zu denken, zu hinterfragen und schließlich Deutungen aufzubauen.

Natürlich ist es notwendig, die Beteiligten so zu schulen, dass sie in der Lage sind, effektiv zu arbeiten. Dennoch bleiben es unterschiedliche, z. T. markante Persönlichkeiten, die gewohnt sind zu agieren. Als qualitätssichernde Maßnahme hilft es, den Prozess zeitlich zu entzerren. Wenn ein guter Teil der diagnostischen Arbeit in die Vorauswahl verlagert wird, kommt es auf letzte Perfektion im Bewerbergespräch nicht mehr an. Eine stärkere Aufgliederung des Auswahlprozesses bedeutet, dass in der Vorauswahl schon sehr viele Informationen professionell erhoben werden können. Die dann in Frage kommenden Kandidaten erscheinen schon grundsätzlich geeignet, so dass in der Endauswahl den wesentlichen Aspekten mehr Gewicht gegeben werden kann und auch Gefühl und Sympathie zu Recht stärker wirken können. Außerdem hat der Bewerber eine günstigere psychologische Position, weil er schon Kontakt zu einem Personalkollegen aufgebaut hat. Interessant ist auch, ob und wie sich das Verhalten verändert, wenn die Führungskraft ins Spiel kommt. Ein Gespräch sollte allerdings gemeinsam geführt werden, um den Entscheidungsprozess zu harmonisieren. Der Personalexperte sollte den Kandidaten durch den gesamten Auswahlprozess begleiten.

12.3.3 Mehrere Kandidaten anschauen

Die Sicherheit über den möglichen richtigen Kandidaten steigt, wenn man mehrere Kandidaten anschaut. Der Vergleich ist eine Orientierungshilfe, wenn das Ziel nicht ganz konkret bestimmt werden kann. Selbst, wenn man ganz sicher ist, sollte man noch einmal kritisch überprüfen.

12.3.4 *Mehrere Gespräche mit in Frage kommenden Kandidaten führen*

Man braucht mehr als eine Gelegenheit, einen Menschen zu erleben, um Hinweise auf sein typisches Verhalten zu bekommen. In den verschiedenen Phasen des Bewerbungsprozesses verhalten sich Menschen oft unterschiedlich. Sind sie am Anfang sehr unsicher, werden sie vielleicht zunehmend selbstbewusst mit wachsender Vertrautheit. Andere starten im ersten Gespräch stark und haben dann ihr Pulver verschossen.

12.3.5 *Auswahlverfahren kombinieren*

Jedes Verfahren hat Vorteile und kein Verfahren ist in der Lage, alle Persönlichkeitsaspekte eines Kandidaten mit Garantie hervorzubringen. Professionelle Auswahl nutzt eine Kombination von Instrumenten, die sich ergänzen. Ein Verhaltensprofilverfahren wie der Predictive Index bereichert und intensiviert das Gespräch, liefert ergänzende und korrigierende Hinweise.

12.3.6 *Nicht spontan und nicht unter Zeitdruck entscheiden*

Jede Entscheidung aus einer spontanen Gefühlslage oder Begeisterung heraus sollte auch der Prüfung des nächsten Tages standhalten. Der Eindruck über einen Kandidaten relativiert sich mit etwas Abstand, einiges wird klarer. Deshalb sollte man sich diese kurze Phase genehmigen, um sich dann auch sicher zu sein.

Von Alfred P. Sloan, dem früheren Generaldirektor von General Motors wurde berichtet, dass er niemals eine Personalentscheidung im ersten Anlauf traf. Er beließ es bei einem vorläufigen Eindruck und prüfte mehrfach in den nachfolgenden Wochen (DRUCKER 1995, S. 57). Zeitdruck ist ein besonders schlechter Ratgeber für eine fundierte Personalentscheidung. Dennoch diktiert er in vielen Fällen im betrieblichen Alltag die Entscheidung. Wer unbedingt morgen die Stelle besetzen muss, hat als erste Priorität „Schnelligkeit“ und als zweite, den Richtigen zu finden!

Es gibt kaum eine Stelle, die zum Unternehmenszusammenbruch führt, wenn sie nicht sofort nachbesetzt wird und wenn es so wäre, wäre allein dies ein Alarmsignal für das Unternehmen. Andererseits leiden viele Unternehmen lange unter den Konzessionen, die sie z. B. in starken Wachstumsphasen mit schnellen Personalaufbau gemacht haben. PETER F. DRUCKER (1995, S. 57) behauptet sogar: „Schnelle Personalentscheidungen erweisen sich fast immer als Fehlentscheidung. Was der Entscheidung zugrunde liegt, wird erst klar, wenn man das Problem mehrmals von allen Seiten beleuchtet hat.“ Der Zeitbedarf einer guten Personalentscheidung ist hoch und muss der zu vergebenden Position angemessen sein. JACK WELCH hat seinen Nachfolger über sieben Jahre gesucht! (WELCH 2001, S. 415f.). Man sollte sich Zeit nehmen, in anderen das Beste zu entdecken.

12.4 Mit dem Abschluss des Arbeitsvertrags ist die Auswahl nicht beendet

Selbst wenn man getan hat, was möglich ist, gibt es keine Garantie für Volltreffer. Wir erfahren immer nur einen Ausschnitt einer Persönlichkeit. Sicher ist es Pflicht und Verantwortung für die Führungskraft, einen Mitarbeiter, für den sie sich entschieden hat, mit voller Kraft und Überzeugung zu unterstützen und es ihm auch zu zeigen.

Wie bereits beschrieben, bleibt unklar, ob Menschen so sind, wie sie beurteilt werden oder so werden, wie sie beurteilt werden. Also haben wir auch einen erheblichen Einfluss auf den weiteren Erfolg der getroffenen Wahl. Die Unterstützung sollte insbesondere auf die psycho-soziale Integration gerichtet werden. Das Bild von einem Menschen wird sich in den ersten Monaten verändern. Deshalb sollte man, ganz fest an der Seite des neuen Mitarbeiters, die Augen nicht verschließen. Wie häufig kommt es vor, dass man die Probezeit „verschläft" und nach acht bis neun Monaten feststellt, dass es doch nicht der Richtige ist. Dann fehlt der Mut, die Fehlentscheidung zu korrigieren, man lebt und arbeitet weiter mit einer falschen Entscheidung, die nicht mehr die richtige werden kann. Kein Assessment Center ist so aussagefähig wie die Praxis. Wenn auch die fachlichen Voraussetzungen in vielen Fällen erst in der Einarbeitungszeit geschaffen werden, bekommt man doch viele starke Hinweise auf soziale und motivationale Faktoren einer Person. Die Probezeit sollte Integration, Ausbildung, aber sicher auch das Austesten von Grenzen enthalten. Wer neue Mitarbeiter zu sehr schont, lernt ihre Möglichkeiten und Grenzen nicht kennen. Es muss auch in der Probezeit hin und wieder „darauf ankommen", kleine kalkulierte „Katastrophen" sind für beide Seiten extrem lehrreich!

Weiter sollte dem Lernfortschritt in den ersten Monaten ein besonderes Augenmerk geschenkt werden. Gerade in Anfangssituationen ist das Lernpotenzial besonders hoch. Wenn ein Mitarbeiter nach fünf Monaten noch auf dem gleichen Stand ist wie zu Beginn, gab es entweder gravierende Fehler in der Einarbeitung oder der Mitarbeiter wurde in seinem Vermögen überschätzt. Die Probezeit ist eine für beide Seiten wertvolle Zeit, um sich besser kennen zu lernen.

13 Interne Potenzialerkennung

Zum Prozess der internen Potenzialerkennung kann man allgemein feststellen, dass es viel mehr Möglichkeiten gibt als bei der externen Auswahl, zu richtigen Entscheidungen zu kommen, und dass diese oft sträflich ungenutzt bleiben. In Unternehmen hängen Besetzungen zu oft von Machtkonstellationen, Beziehungswettbewerb und kritiklosem Befolgen der internen Spielregeln ab. „Der nette Schluffi genießt ein höheres Ansehen als der Streber." (Ernst 2003b, S. 69). Wie können in Unternehmen Positionen an Menschen vergeben werden mit der jeweils höchsten Kompetenz für diese Stelle? Ein Naturschützer und Tierkenner aus dem bayrischen Wald, der seit dreißig Jahren mit Wölfen arbeitet, hat in einer Konferenz vor Jahren den internen Auswahlprozess bei Wölfen beschrieben: Jedes Jahr wird in einem bestimmten Zeitraum aufs Neue ausgekämpft, wer an welcher Stelle des Rudels kommt und diese Rangordnung wird ein Jahr absolut akzeptiert. Dadurch ist, wie oft in der Natur, sichergestellt, dass jeder an die beste Stelle seiner Verwendung kommt.

13.1 Unterschiedliche Jobs

Zunächst kann man davon ausgehen, dass Mitarbeiter eine gewisse Zeit brauchen, um für sich zu erkennen, wo sie besonders gut werden können. Viele berufliche Fähigkeiten werden auch erst in der beruflichen Laufbahn gebildet. Hochschulabsolventen, Ausgebildete wissen im Grunde noch nicht wirklich, wie sie „funktionieren". Das Wahlfach im Studium ist schon fast ein einfältiges Indiz. Also hilft es, wenn sich Menschen in den ersten Berufsjahren in unterschiedlichen

Aufgaben ausprobieren dürfen. Wenn dies in der übernommenen Position möglich ist, umso besser.

Oft sind die ersten Stellen allerdings gekennzeichnet von einer Spezialisierung ohne echte Verantwortung. Ein bis zwei Wechsel wären hilfreich. Die Zeiträume der Einsätze sollten je nach Komplexität der Aufgaben so ausgestaltet werden, dass auch Fähigkeiten ausgebildet werden. Diesen Zeitrahmen sehen Führungskräfte oft erheblich länger als die Mitarbeiter. Deshalb braucht es hier einen offenen Dialog. Wenn Mitarbeiter sich langweilen oder unterfordert fühlen, wachsen keine Fähigkeiten. Ähnliches gilt für Traineeprogramme, wenn Mitarbeiter darin keine echte Verantwortung für Aufgaben übernehmen.

13.2 Große Jobs

Wenn man sich tatsächlich für Menschen mit hohem Potenzial entscheidet, sollten auch Möglichkeiten geschaffen werden, dieses zur Geltung zu bringen. In vielen Unternehmen möchte man gerne „High-Potentials“, begegnet ihnen aber mit Systemen und Rahmenbedingungen, die nur Durchschnitt zulassen.

Die beste Entfaltungsmöglichkeit für gute Leute sind große Jobs. Menschen mit Potenzial wachsen an Herausforderungen. Wie Menschen große Jobs bewältigen, ist vielleicht der stärkste Indikator für erlebtes Talent. Um hier nicht ein zu großes Risiko einzugehen, sollten die Möglichkeiten der Potenzialanalyse genutzt werden. Und wenn man feststellt, dass der Stelleninhaber an seine Grenzen kommt, ist Konsequenz nötig, ihn auszutauschen.

13.3 Hinschauen, bewusst beobachten

Das Potenzial einer Persönlichkeit wird im Wesentlichen mit der echten Verantwortung für Aufgaben entwickelt. Um es da auch zu erkennen, muss man hinschauen. Gute Führung gibt Spielräume, darf aber nicht verwechselt werden mit Wegschauen. Die Tatsache, dass Beurteilungssysteme nicht nur von Mitarbeitern häufig als unangenehm empfunden werden (weil sie Kritik befürchten), sondern auch von Führungskräften, hat als Hauptgrund, dass Führungskräfte die Leistung ihrer Mitarbeiter nicht genau kennen, oft nicht mehr konkret wissen, was sie eigentlich machen. Ein Schlüssel der internen Potenzialerkennung ist jedoch, besonders darauf zu achten, was einem Mitarbeiter leicht fällt und womit er sich schwerer tut. Beobachten geht vor Befragen! Nicht, was die Leute sagen oder über sie gesagt wird, ist wesentlich, sondern, was sie tun! (Malik 2000, S. 24f.)

13.4 Permanenter Dialog mit dem Mitarbeiter

Systematische, jährliche Beurteilungen sind sinnvoll, die gegenseitigen Erwartungen und die Beziehung zwischen Führungskraft und Mitarbeiter zu klären. Über das Potenzial, die Lernentwicklung sollte im Grunde ein permanenter Dialog in die Zusammenarbeit integriert werden. Dadurch wird das gemeinsame Verständnis verstärkt, Lernprozesse können direkt beobachtet und besprochen werden und der Förderungscharakter tritt ein wenig vor den Urteilscharakter.

13.5 Systematische Potenzialanalyse

Mindestens einmal im Jahr sollten die Mitarbeiter, die in ihren Aufgaben Potenzial für weiterführende Aufgaben aufgezeigt haben, in einer Potenzialanalyse identifiziert werden. Da letztlich doch jede Führungskraft den eigenen Maßstab anlegt, sollte dies der Startschuss sein, mit dem Mitarbeiter in einen engeren Dialog über sein Potenzial einzusteigen. Interne Potenzialerkennung hat sehr viel zu tun mit dem Management von Erwartungen (Drucker 1995, S. 136). Die wichtigste Gruppe sind für jedes Unternehmen diejenigen Mitarbeiter, die sich für Führungsaufgaben anbieten. Hier lohnt jede Mühe, sich eine gemeinsame Überzeugung über das Führungspotenzial zu verschaffen, weil sich jede Fehlentscheidung auch auf andere Menschen und ihre Leistungsfähigkeit auswirkt.

Ein solcher Prozess sollte auf eine gemeinsame Basis gestellt werden: Personalexperten, auch geeignete Führungskräfte können als Beurteiler diese wichtige, übergreifende Funktion wahrnehmen. Aufbauend auf der Einschätzung der Führungskraft bieten sich für eine professionelle Potenzialeinschätzung an: das Potenzialgespräch und das Lern-Assessment-Center.

13.6 Potenzialgespräch

Das Potenzialgespräch entspricht in der Durchführung und im Anspruch einem Bewerbergespräch. Es empfiehlt sich, zwei professionelle Interviewer das Gespräch führen zu lassen. Die Führungskraft, die den Mitarbeiter für eine weitere Förderung vorgeschlagen hat, sollte dabei sein, aber eher eine betrachtende, distanzierte Rolle einnehmen. Sie hat den

Mitarbeiter vorgeschlagen und ist nicht mehr neutral. Es geht darum, das grundsätzliche weiterführende Potenzial in kognitiver, motivationaler und zwischenmenschlicher Sicht zu klären.

Dabei spielt der gesamte Werdegang eine Rolle, wobei die bisherige Zeit im Unternehmen sicher eine besondere Rolle einnimmt. Hier kann erwartet werden, dass der Kandidat sich schon entsprechend vorbereitet hat, so dass sich in etwa anderthalb Stunden ein intensives Gespräch entwickeln kann, was nicht selten der Führungskraft noch einen Erkenntnisgewinn über seinen Mitarbeiter bringt.

Ergänzt und bereichert wird das Gespräch durch die Selbstbild- und Umfeldanalyse, z. B. des Predictive Index. Nach dem Gespräch erfolgt eine systematische Analyse und Harmonisierung der gewonnenen Eindrücke der Interviewer mit der Führungskraft. Hier fließen auch Aspekte der Zusammenarbeit aus dem täglichen Geschäft mit ein. Am Ende wird einvernehmlich entschieden, ob der Kandidat zu einem Lern-Assessment-Center zugelassen wird. Der Mitarbeiter bekommt ein intensives Feedback über den Eindruck aus dem Gespräch und die Potenzialeinschätzung.

Dieses Lern-Assessment-Center ist dann die letzte Stufe des Prozesses der Eignungsdiagnostik.

13.7 Lern-Assessment-Center

Das Lern-Assessment-Center (siehe auch 11.2.2) stellt aufgrund einer Zwei-Tages-Präsenzphase die Potenzialerkennung noch einmal konzentriert in den Mittelpunkt und erzeugt viele positive Nebeneffekte:

Es ist ein Potenzial-Check der Nachwuchskräfte mit großem Erfahrungsgewinn und starkem Lernimpuls für die Teilnehmer selbst. Durch die Gruppenfeedbacks werden die Teilnehmer selbst zu Beobachtern ihrer Kollegen.

Die Potenzialerkennung wird als gemeinsame Sache der Führungskräfte und Personalexperten verstanden und verstärkt damit die Nachhaltigkeit und Wirkung in das Unternehmen. Teilnehmer haben oft einen unmittelbaren Vorteil, weil nach dieser Veranstaltung Nachfrage nach den Besten entsteht.

Nebenbei ist die Beobachtertätigkeit ein Wahrnehmungs- und Beurteilungstraining für Führungskräfte, was auf Dauer die Qualität der Einschätzung im Unternehmen erhöht. Am Ende der Veranstaltung wird ein Gesamtfeedback für jeden Teilnehmer erzeugt, mit ihm besprochen und schriftlich in der Personalakte abgelegt. Darauf aufbauend ergeben sich weitere Lern- und Entwicklungsschritte.

Damit erzeugt der Potenzialprozess eine starke Verbindlichkeit für etwaige Besetzungen von Führungspositionen. Aufgrund der hohen Intensität der Veranstaltung entstehen häufig fördernde Beziehungen zwischen Teilnehmern und Beobachtern in der nachfolgenden Zeit. Ein gutes Abschneiden ist über die Jahre immer mehr ein Gütesiegel und eine Eintrittskarte für den weiteren Berufsweg geworden. In der Kombination der Instrumente wird die Einschätzung stark abgesichert. Mit dem Ergebnis wird lediglich der aktuelle Stand der Entwicklung des Teilnehmers beschrieben. Kandidaten, die nicht zufrieden stellend abgeschnitten haben, bekommen eine zweite Chance, wenn sich Anhaltspunkte für eine weitere Entwicklung ergeben haben. Hier ist einmal mehr PETER F. DRUCKER (1995, S. 136) zu folgen: „Erfahrene Leute haben schon bemerkt, dass man die potentiellen Möglichkeiten nicht für längere Zeit im Voraus und nicht für etwas abschätzen kann, das völlig verschieden ist, von dem, womit jemand gegenwärtig beschäftigt ist. Potenzial ist nur ein anderer Ausdruck von Erwartungen.“

Für einen Menschen gibt es keine größere Befriedigung, als etwas Neues zu sehen. Das heißt, es als neu zu erkennen. Wir müssen zu Sehern werden. Wir müssen die Augen aufmachen und beobachten und sehen, bis wir schließlich die Wahrheit erkennen. Wir müssen schauen, beobachten, denken und meditieren. Wir müssen unserem Verstand erlauben in jede Richtung zu schweifen, in die uns die Symptome führen.

Jean Martin Charcot, franz. Neurologe

Literaturverzeichnis

ALBRIGHT, MADELEINE K., WOODWARD, BILL (2003): Madam Secretary. Autobiographie. Bertelsmann, München.

ALLIGER, G. M. & DWIGHT, S. A. (2000): A meta-analytic investigation of the susceptibility of integrity tests to faking and coaching. Educational and Psychological Measurement. 60, S. 59-72.

ALLPORT, GORDON W., ODBERT, H. S. (1936): Trait names: A psycho-lexical study. Psychol. Monographs 47, S. 211.

ALLPORT, GORDON W. (1949): Persönlichkeit. Struktur, Entwicklung und Erfassung der menschlichen Eigenart. Übertragen und herausgegeben von Helmut von Bracken, Klett-Verlag, Stuttgart.

ALLPORT, GORDON W. (1970): Gestalt und Wachstum in der Persönlichkeit. Übertragen und herausgegeben von Helmut von Bracken. Verlag Anton Hain, Meisenheim am Glan.

ALTHOFF, K. (1986): Zur Aussagekraft von Schulzeugnissen im Rahmen der Eignungsdiagnostik. Psychologie und Praxis. Zeitschrift für Arbeits- und Organisationspsychologie. 30, S. 77-85.

AMELANG, MANFRED, ZIELINSKI, WERNER (2002): Psychologische Diagnostik und Intervention. Springer, Berlin.

ANTONOVSKY, AARON (1997): Salutogenese. Deutsche Herausgabe von Alexa Franke. Dgvt-Verlag, Tübingen.

ARBINGER, ROLAND (1997): Psychologie des Problemlösens. Primus, Darmstadt. S. 26.

ATWATER, L. E., RORSCH, P., FISENTHAL, A. (1995): The influence of upward feedback on self- and follower ratings of leadership. Personnel Psychology 48, S. 35-39.

ATWATER, L. E., YAMMARINO, F. J. (1997): Self-other rating agreement: A review and model. In: G. R. Ferris (Ed.). Research in personnel and human resources management. Vol. 15. Ct: JAI Press, Stanford, S. 121-174.

AUGUSTINE, NORMAN R. (1989): Augustines Erkenntnisse. Goldene Regeln für das Überleben in unserer Wirtschaft. 2. Aufl. Campus Verlag, Frankfurt, New York, S. 13, 27.

AVILA VON, TERESA (1979): Die innere Burg. Herausgegeben und übersetzt von Fritz Vogelsang 1979, Zürich, S 21f.

BANDURA, A. (1982): Self-efficacy mechanisms in human agency. American Psychologist. 37, S. 122-147.

BANJI, M. R., BAZERMAN, M. & CHUGH, D. (2003): How (un)ethical are you? Harvard Business Review, 81, S. 56-64.

BANJI, M. R. (2003): The opposite of great truth is also true. In J. Jost, D. Prentice & M. R. Banaji (Eds.). The yin and yan of progress in social psychology: Perspectivism at work, S. 127-140.

BARTUSSEK, DIETER (2000): Soziale Interaktion: Extraversion – Introversion. In: Management-Diagnostik, 3. Aufl., herausgegeben von Werner Sarges, Hogrefe, Göttingen, S. 353-365.

Barrick, M. B. & Mount, K. M. (1991): The big five personality dimensions and job performance: A meta-analysis. Personnel Psychology 44, S. 1-26.

Barrick, M. B. & Mount, M. K. (1996): Effects of impression management and self-deception on the predictive validity of personality constructs. Journal of Applied Psychology 81, S. 261-272.

Bastian, Hans Günther; Kormann, Adam (2001): Transfer im musikpädagogischen Diskurs. Definitorische und methodologische Reflexionen zur Evaluations- und Entwicklungsforschung. In: Gembris, Heiner; Kraemer, Rudolf-Dieter; Maas, Georg (Hrsg.): Macht Musik wirklich klüger? Musikalisches Lernen und Transfereffekte. Wißner, Augsburg, S. 39-66.

Baumert, Jürgen, Klieme, Eckhard, Neubrand, Michael, Prenzel, Manfred, Schiefele, Ulrich, Schneider, Wolfgang, Stanat, Petra, Tillmann, Klaus-Jürgen, Weiss, Manfred (Hrsg.) (2001): PISA 2000, Basiskompetenzen von Schülerinnen und Schülern im internationalen Vergleich. Leske + Budrich, Opladen, S. 500ff.

Beckmann, J. & Kuhl, J. (1984): Altering information to gain action control. Functional aspects of human information processing in decision making. Journal of Research in Personality 18, S. 224-237.

Ben-Shakhar, G., Bar-Hillel, M., Bilu, Y., Ben-Abba, E. & Flug, A. (1986): Can graphology predict occupational success? Two empirical studies and some methodological ruminations. Journal of Applied Psychology 71, S. 645-653.

Billmann-Mahecha, E. (1996): Wie authentisch sind erzählte Lebensgeschichten? Ein Interpretationsproblem, S. 111-129. In: Strobl, R. & Böttger, A. (Hg.) (1996). Wahre Geschichten? Zu Theorie und Praxis qualitativer Interviews. Nomos, Baden-Baden.

Birkhan, Georg (1995): Rekonstruktion persönlicher Theorien. In: Management-Diagnostik, 2. Aufl., herausgegeben von Werner Sarges. Hogrefe, Göttingen, S. 497-515.

Bischof-Köhler, D. (2002): Von Natur aus anders. Die Psychologie der Geschlechtsunterschiede. Kohlhammer, Stuttgart.

Bolles, Richard Nelson (2005): Job Sculpting. What Color is your parachute? Ten Speed Press, Berkeley.

Bortz, Walter M. (1993): Wir alle können länger leben: Neue Erkenntnisse über die zweite Lebenshälfte. Aus dem Amerikanischen übersetzt von Karen Krüger, Hoffmann und Campe, Hamburg, S. 235.

Botton de, Alain (2004): Status Angst. S. Fischer Verlag, Frankfurt am Main, S. 92.

Brandstätter, V. & Gollwitzer, P. M. (1998): Research on motivation: A review of the eighties and early nineties. German Journal of psychology.

Brecht, Bertolt (1971): Geschichten vom Herrn Keuner, Suhrkamp, Frankfurt am Main.

Brickenkamp, R. (2000): Die Generelle Interessen-Skala (GIS). Hogrefe, Göttingen.

Briggs Myers, Isabel (1976): Introduction to Type, Gainesville.

Brocke, Burkhard (2000): Intelligenz: Struktur und Prozess. In: Management-Diagnostik. 3. Aufl., herausgegeben von Werner Sarges. Hogrefe, Göttingen. S. 225-240.

Brody, N. (1992): Intelligence. Academic Press, New York.

BRUDER, KLAUS-JÜRGEN (2003): „Die biografische Wahrheit ist nicht zu haben – für wen". Psychoanalyse, biografisches Interview und historische (Re-)Konstruktion, S. 9-37. In: Bruder, Klaus-Jürgen (Hg.). Die biografische Wahrheit ist nicht zu haben. Psychosozial Verlag, Gießen.

BUBER, MARTIN (2002): Das dialogische Prinzip, 9. Aufl. Gütersloher Verlagshaus, Gütersloh.

BUCKINGHAM, MARCUS, COFFMAN, CURT (2001): Erfolgreiche Führung gegen alle Regeln. Campus, Frankfurt/New York.

BUSS, D. M. (1994): The evolution of desire. Strategies of human mating. NY: Basic Books, New York.

BYHAM, W. C. (1977): Targeted Selection. Pittsburgh.

CALDWELL-ANDREWS, A., BAER, R. A. & BERRY, D. T. R. (2000): Journal of Personality Assessment 74, S. 472-488.

CIALDINI, ROBERT B. (2004): Die Psychologie des Überzeugens. 3. Aufl.. Verlag Hans Huber, Bern.

CORSSEN, JENS (2002): Der Selbstentwickler. Das Corssen Seminar. Beust Verlag, München.

COVEY, STEPHEN R., MERRILL, A. ROGER, MERRILL, REBECCA R. (1998): Der Weg zum Wesentlichen. Zeitmanagement der vierten Generation. Campus, Frankfurt, New York.

CSIKSZENTMIHALYI, MIHALY (1993): Flow. Das Geheimnis des Glücks. Klett-Cotta, Stuttgart.

DARLEY, J. M. & GROSS, P. H. (1983): A hypothesis-confirming bias in labeling effects. Journal of Personality and Social Psychology, 44, S. 20-33.

DAUMENLANG, KONRAD (2000): Intelligenztests. In: Management-Diagnostik. 3. Aufl., herausgegeben von Werner Sarges. Hogrefe, Göttingen, S. 540-548.

DIETERICH, MICHAEL, DIETERICH, JÖRG (Hrsg.) (1996): Wörterbuch Psychologie & Seelsorge. R. Brockhaus Verlag, Wuppertal.

DIETRICH, RAINER, SOWARKA, BERNHARD H. (1995): Gesamtkonzepte der Persönlichkeit. In: Management-Diagnostik, 3. Aufl., herausgegeben von Werner Sarges, Hogrefe, Göttingen, S. 432-446.

DÖRNER, DIETRICH (1991): Die Logik des Mißlingens. Strategisches Denken in komplexen Situationen. Rowohlt, Reinbek.

DÖRNER, DIETRICH, KREUZIG, HEINZ W., REITHER, FRANZ, STÄUDEL, THEA (Hrsg.) (1994): Lohhausen. Vom Umgang mit Unbestimmtheit und Komplexität. DFG-Projekt DO 200/4 "Systemdenken", Lehrstuhl Psychologie II d. Universität Bamberg 1981. Unveränderter Nachdruck der Ausgabe von 1983 mit einem neuen Vorwort von Dietrich Dörner. Verlag Hans Huber, Bern, S. 302-330.

DONAT, M. (1991): Selbstbeurteilung. In: H. Schuler (Hrsg.). Beurteilung und Förderung beruflicher Leistung. Hogrefe, Göttingen, S. 135-145.

DRUCKER, PETER F. (1995): Die ideale Führungskraft. Die hohe Schule des Managers. Econ, Düsseldorf.

DRUCKER, PETER F. (1996): Umbruch im Management: Was kommt nach dem Reingeneering? Econ, Düsseldorf.

EKMAN, P. (Hrsg.) (1982): Emotion in the human face (2nd ed). Cambridge University Press, Cambridge.

ELLINGSON, J. E., SACKETT, P. R. & HOUGH, L. M. (1999): Social desirability corrections in personality measurements: Issues of applicant comparison and construct validity. Journal of Applied Psychology 84, S. 155-166.

ENKE, H., BLEICHER R. (1960): Psychotherapie und Intelligenz (III). – Beruf, Kostenträger. – Intelligenz und Behandlungssituationen unter besonderer Berücksichtigung der Gegenübertragung. Prax. Psychotherapie 4 (1960), S. 277-281.

ENKE, H., BLEICHER, R., ÜBERLA, K. (1962): Psychotherapie und Intelligenz (IV). – Katamnesen – Zusammenfassung. Prax. Psychotherapie 7, S. 33-37.

ERNST, HEIKO (1995): Wie Sympathie entsteht. In: Psychologie Heute, Februar 1995. Beltz, Weinheim.

ERNST, HEIKO (2003a): Intuition. Können wir unserem Bauchgefühl vertrauen? In: Psychologie Heute 3, S. 20-27.

ERNST, HEIKO (2003b): Das gute Leben. Der ehrliche Weg zum Glück. Ullstein Verlag, München.

ESSER, MARTIN, KOBAYASHI (Hrsg.) (1995): Kaishan. Personalmanagement in Japan. Verlag für Angewandte Psychologie, Göttingen, Stuttgart.

ESSER, MARTIN (2000): Selbsturteile. In: Management-Diagnostik. 3. Aufl., herausgegeben von Werner Sarges. Hogrefe, Göttingen. S. 649-655.

ETCOFF, NANCY (2001): Nur die Schönsten überleben. Die Ästhetik des Menschen. Diederichs, München.

EYSENCK, H. J. (1981): A model for intelligence. Springer, Berlin.

FASSHEBER, PETER (2000): Planspiele. In: Management-Diagnostik. 3. Aufl., herausgegeben von Werner Sarges. Hogrefe, Göttingen, S. 608-617.

FITTKAU, BERND (2000): Kommunikation. In: Management-Diagnostik, 3. Aufl., herausgegeben von Werner Sarges. Hogrefe, Göttingen, S. 382-394.

FISHER, R. & BROWN, S. (1989): Gute Beziehungen. Campus, Frankfurt.

FLANAGAN, J. C. (1954): The critical incident technique. Psychological Bulletin 51, S. 327-358.

FRANKL, VICTOR E. (2003): ... trotzdem Ja zum Leben sagen. Ein Psychologe erlebt das Konzentrationslager. 23. Auflage. dtv, München.

FREUD, S. (1937): Brief an Marie Bonaparte vom 3.1.1937. Zit. N. Gubrich-Simitis, I. (1971). Sigmund Freuds Lebensgeschichte und die Anfänge der Psychoanalyse. In: Neue Rundschau, 2, S. 328.

GALLWITZ, A. (1982): Der Wortschatz des Erwachsenen. grkg/Humankybernetik 23 (1982), S. 18-22.

GERARD, H. B. (1957): Some effects of status, role clarity, and group clarity upon the individual relations to group process. Journal of Personality 25, S. 475-488.

GHISELLI, E. E. (1966): The validity of a personnel interview. Personnnel Psychology 19, S. 389-395.

GRUNWALD, WOLFGANG (1995): Über die Grenzen unternehmensinterner Öffentlichkeit. Zeitschrift Führung + Organisation (2), S. 95-99.

GUILFORD, J. P. (1974): Persönlichkeit. 6. Aufl., Beltz, Weinheim.

GUILFORD, J. P. (1975): Factors and factors of personality. Psychological Bulletin 82, S. 802-814.

HALSTEAD, W. C. (1974): Brain and Intelligence. University of Chicago Press, Chicago.

HARTKEMEYER, MARTINA & JOHANNES F., FREEMAN DHORITY, L. (1998): Miteinander Denken. Das Geheimnis des Dialogs. Klett-Cotta, Stuttgart.

HEINECKE, ANDREAS (2004): Die andere Wahrnehmung. Zwischen Kunst und Wissenschaft – das Soziallabor. In: Die andere Intelligenz. Bernhard von Mutius (Hrsg.). Klett-Cotta, Stuttgart, S. 282-291.

HERRMANN, ARMIN (1996): Einstein. Piper, München.

HILB, MARTIN (1999): Integriertes Personal-Management: Ziele – Strategien – Instrumente. 7., überarbeitete Auflage, Luchterhand, Neuwied.

HÖHLER, GERTRUD (2004): Geistige und körperliche Fitness. Vortrag am 9. September in Hamburg auf Einladung von randstad.

HOLLER, JOHANNES (1996): Das neue Gehirn. Möglichkeiten moderner Gehirnforschung. Junfermann Verlag, Paderborn.

HOLLMANN, HERBERT, REITZIG, GERD (1995): Evokation und Messung personaler Eignungsindikatoren. Referenzen und Dokumentenanalyse. In: Sarges (Hrsg.). Managementdiagnostik. 2. Aufl.. Hogrefe, Göttingen. S. 463-470.

HORNEY, KAREN (1984): Unsere inneren Konflikte. Kindler, Frankfurt a.M.

HOWARD, PIERCE J., HOWARD, JANE MITCHELL (2002): Führen mit dem BIG-FIVE-Persönlichkeitsmodell. Das Instrument für optimale Zusammenarbeit. Aus dem Englischen von Silvia Kinkel. Campus, Frankfurt/New York.

HUNTER, I. E. & HUNTER, R. F. (1984): Validity and utility of alternative predictors of job performance. Psychological Bulletin 96, S. 72-98.

ICKES, WILLLIAM (Hrsg.) (1997): Empathic Accuracy. New York.

INOHARA, H. (1990): Personnel appraisal in Japanese companies. Business Series. No. 128. Sophia University, Tokyo.

JESERICH, WOLFGANG (1987): Mitarbeiter auswählen und fördern – Assessment-Center-Verfahren. Hanser, München.

JETTER, WOLFGANG (1996): Effiziente Personalauswahl. Schäffer-Poeschel, Stuttgart.

JUNG, C. G. (1994): Psychologische Typen. 17., vollständig überarbeitete Auflage. Walter-Verlag, Solothurn und Düsseldorf .

KAUKE, MARION (2003): Fördert Schach die Intelligenz? Deutscher Schachbund. Verfügbar unter: http://www.schachbund.de/Breifrei/foerdertschachintelligenz.htm. 15.12.2003.

KELLEY, H. H. (1950): The warm-cold variable in first impressions of personality. Journal of Personality 18, S. 431-439.

KELLY, G. A. (1955): The theory of personal constructs. Norton. New York. Deutsche Ausgabe (1986): Psychologie der persönlichen Konstrukte. Junfermann, Paderborn.

KETS DE VRIES, M. (2004): Führer, Narren und Hochstapler. Klett-Cotta, Stuttgart.

KIESLING, B. (2003): „... einfach weg aus meinem Leben." Eine qualitative Studie über Frauen, die ihren Partner getötet haben. Gießen (Psychosozial): Reihe "Subjektivität und Postmoderne".

KIRTON, M. J. (1987): Reply to R. L. Payne's article "Individuel differences & performance of R & D personnel". R & D Management 17 (1987), S. 163-166.

KLAUS, G. (Hrsg.) (1969): Wörterbuch der Kybernetik, Dietz, Berlin. S. 282.

KLEIN, F. J. (1982): Die Rechtmäßigkeit psychologischer Tests im Personalbereich. Mannhold, Gelsenkirchen.

KLEIN, SUSANNE (2004): Irrtum inbegriffen. Psychologie Heute. September 2004, S. 14.

KLEINMANN, MARTIN, STRAUSS, BERND (Hrsg.) (1998): Potentialfeststellung und Personalentwicklung. Schriftenreihe Psychologie für das Personalmanagement. Hogrefe, Göttingen.

KLEMP, G. O. & MCCLELLAND, D. (1986): What charakterizes intelligent functioning among senior managers? In R. J. Sternberg & R. K. Wagner, Practical intelligence (S. 31-50). Cambridge University Press, Cambridge.

KLUWE, RAINER H. (2000): Computergestützte Systemsimulationen. In: Management-Diagnostik. 3. Aufl., herausgegeben von Werner Sarges. Hogrefe, Göttingen. S. 572-578.

KRETSCHMER, ERNST (1921): Körperbau und Charakter. Untersuchungen zu Konstitutionsproblemen und zur Lehre von den Temperamenten. Springer, Berlin.

KRUMPHOLZ-REICHEL, ANJA (2004): Zielloses Überengagement. In: Psychologie Heute. Januar 2004. Beltz, Weinheim, S. 36-37.

KRUSE, PETER (2004): next practise – Erfolgreiches Management von Instabilität. Veränderung durch Vernetzung. Gabal, Offenbach.

KUHL, J., BECKMANN, J. (Hrsg.) (1994): Volition and personality: Action vs. State orientation. Hogrefe, Göttingen.

KUHL, JULIUS (2000): Handlungs- und Lageorientierung. In: Management-Diagnostik. 3. Aufl., herausgegeben von Werner Sarges, Hogrefe, Göttingen. S. 303-316.

KUHL, JULIUS (2003): HAKEMP 90.www.diffpsychol.uni-osnabrueck.de.

LANGER, ELLEN (1997): The power of mindful learning. Addison Wesley, Reading.

LANGLOIS, JUDITH H. (2000): Meta-Studie zum Thema Schönheit 1932 bis 1999. Psychological Bulletin. 3/2000.

LEENDERTSE, JULIA (1999): Starker Tobak. Mitarbeiterbeurteilung. Wirtschaftswoche 38, vom 16.9.99, S. 190-194.

LIKERT, R. (1961): New patterns of management. New York.

LOEWENSTEIN, GEORG, SCHKADE, DAVID (1999): Wouldn't it be nice? Predicting future feelings. In: D. Kahneman (Hg.). The foundations of hedonic psychology, New York.

LOFTUS, E. F., PICKRELL, J. E. (1995): The formation of false memories. Psychiatric Annals. 25, S. 720-725.

LOTTER, WOLF (2004): Heiß-Kalt. In: brand eins, Wirtschaftsmagazin, Heft 01, Februar 2004. Hamburg, S. 44-55.

LUFT, J. & INGHAM, H. (1955): The Johari Window, a geographic model for interpersonal relations. Western Training Laboratory in Group Development. August 1955. University of California at Los Angeles, Extension Office.

MALIK, FREDMUND (2000): Führen, Leisten, Leben. Wirksames Management für eine neue Zeit. Deutsche Verlags-Anstalt, Stuttgart, München.

MALIK, FREDMUND (2003): Komplexität, Management und Patterns of Control. In: Die andere Intelligenz. Wie wir morgen denken werden, herausgegeben von Bernhard von Mutius (Hg.). Klett-Cotta, Stuttgart, S. 174-187.

MANDELA, NELSON (2002): Long walk to freedom. Abridged Edition. Nowalzi. A macmillan company, London.

MARQUARD, ODO (2000): Philosophie des Stattdessen. Studien. Reclam, Stuttgart.

MARTIN, JUDITH (2004): Gespür für Grenzen. Interview von Diane L. Coutu mit Judith Martin. In: Harvard Business Review, S. 97-104.

MAUKISCH, H. (1986): Erfolgskontrolle von Assessment-Center-Systemen. Der Stand der Forschung. Psychologie und Praxis. Zeitschrift für Arbeits- und Organisationspsychologie. 30 (N.F.4). S. 86-91.

MCCALL, M. W., LOMBARDO, M. M. & MORRISON, A. M. (1988): The lessons of experience: How successful executives develop on the job. Lexington. MA, Lexington.

MCCALL, M. W. (1997): High Flyers. Developing the next generation of leaders. Harvard Business School Press, Boston, MA.

MCCLELLAND, D. C., ATKINSON, J. W., CLARK, R. A. & LOWELL, L. (1976): The achievement motive. Appleton-Century-Crofts, New York.

MILGRAM, STANLEY (2004): Das Milgram-Experiment: Zur Gehorsamsbereitschaft gegenüber Autorität. 14. Aufl., Rowohlt, Reinbek.

MOLCHO, SAMY (1995): Alles über Körpersprache. Mosaik, München.

MOLCHO, SAMY (1997): Körpersprache im Beruf. Goldmann, München.

MOHR, E. (1990): Methoden und Kriterien der Personalvorauswahl in bundesdeutschen Unternehmen für die Zielgruppe Hochschulabsolventen. Unveröff. Diplomarbeit. Universität Kiel.

MORETTI, D. M. & TERRIS, W. (1983): The Personnel Selection Inventory: A predictive validation study. London House, Park Ridge, IL.

MURRAY, H. A. (1938): Explorations in personality, Oxford University Press, New York.

NEUBERGER, OSWALD (1995): Führen und geführt werden. 5. Auflage. Ferdinand Enke Verlag, Stuttgart.

NEUBERGER, OSWALD (1998): Das Mitarbeitergespräch. Praktische Grundlagen für erfolgreiche Führungsarbeit. 4., bearb. Auflage. Rosenberger Fachverlag, Leonberg.

NEUBERGER, OSWALD (2000): Das 360°-Feedback. Alles fragen? Alles sehen? Alles sagen? Rainer Hampp Verlag, München und Mering.

NISBETT, RICHARD E. (2004): The geography of thought: How Asians and Westerns think differently ... and why? Free Press.

NORTON, R. (1983): Communicator style. Sage, Beverly Hills.

OFFERMANN, LYNN, R. (2004): Wenn Anhänger gefährlich werden. Harvard Business Manager, 4/2004. S. 108-115.

OESTERREICH, R. (1981): Handlungsregulation und Kontrolle. Urban & Schwarzenberg, München.

ONES, D. S., VISWESVARAN, CH. & SCHMIDT, F. L. (1993): Comprehensive meta-analysis of integrity test validities: Findings and implications for personnel selection and theories of job performance. Journal of Applied Psychology 78, S. 679-703.

ONES, D. S. & VISWESVARAN, C. (1998): The effects of social desirability and faking on personality and integrity assessment for personnel selection. Human Performance 11, S. 245-269.

PARNAVELAS, J. (1998): Das Gehirn des Menschen. 100 Milliarden verknüpfte Zellen, in: S. Rose (Hg.). Gehirn, Gedächtnis und Bewusstsein. Eine Reise zum Mittelpunkt des Menschen, S. 38-56. Lübbe, Bergisch-Gladbach.

PAULUS, JOCHEN (2002): Das Beste ist nicht gut genug. Psychologie Heute 3/2002, S. 8-9.

PERLOFF, R. M. & BROCK, T. C. (1980): „... and thinking makes it so". Cognitive responses to persuasion. In: M. E. Roloff & G. R. Miller (Eds.). Persuasion. New directions in theory and research. Sage, Beverly Hills, S. 76-99.

PERRY, C. & LAVORI, P. W. (1983): The Predictive Index organisation survey: A report on reliability and construct validity. PI Management Resources. Wellesley Hills (MA).

PETERS, TOM (1993): Jenseits der Hierarchien. Econ, Düsseldorf.

PETSCHE, HELLMUTH (1997): Musikalität im Blickwinkel der Hirnforschung. In: Scheidegger, Josef; Eiholzer, Hubert (Hrsg.): Persönlichkeitsentfaltung durch Musikerziehung. Nepomuk. Aarau, S. 81-96.

POPPER, KARL R. (2004): Alles Leben ist Problemlösen. Über Erkenntnis, Geschichte und Politik. 8. Aufl., Piper, München, Zürich.

PSCHERER, JÖRG (2004): Der Glaube an die eigene Kraft versetzt Berge. In: Psychologie Heute 11/2004, S. 24-27.

PSYCHOLOGIE TRANSFER (1996/1997): Personalanwerbung und -auswahl. 1. Untersuchung-Ergebnisbericht 1997. Interdisziplinäre Studienreihe Standortreserven Deutschland, München.

PUTZ-OSTERLOH, WIEBKE (2000): Problemlösen. In: Management-Diagnostik. 3. Aufl., herausgegeben von Werner Sarges. Hogrefe, Göttingen, S. 240-246.

PYNOOS, R.S., NADER, K. (1989): Childrens's memory and proximity to violence. Journal of the American Academy of Child and Adolescent Psychiatry 28, S. 236-241.

RAKOS, R. F. (1986): Asserting and confronting. In: O. Hargie (Ed.). A handbook of communication skills. Croom Helm, London. S. 407-440.

RAUSCHER/SHAW (1997): Radiointerview vom 4. April 1997 mit Frances H. Rauscher, Interviewer Ira Flato, Sender NPR, Science Friday.

RAUSCHER, FRANCES H. (1999): Prelude or requiem for the „Mozart effect"? In: Nature, 400, 26. August 1999, S. 827-828.

RESCHER, N. (1994): Warum sind wir nicht klüger? Der evolutionäre Nutzen von Dummheit und Klugheit. Hirzel, Stuttgart.

RHEINBERG, F. (2004): Motivationsdiagnostik. Hogrefe, Göttingen.

RIEMANN, FRITZ (1961): Grundformen der Angst. Eine tiefenpsychologische Studie. 35. Aufl. 2003, Ernst Reinhardt Verlag, München, Basel.

ROGERS, C. R. (1979): Entwicklung der Persönlichkeit. Klett, Stuttgart.

ROHR, RICHARD, EBERT, ANDREAS (1993): Das Enneagramm: die 9 Gesichter der Seele. 19. Auflage. Claudius Verlag, München.

ROSENSTIEL, LUTZ VON, ERPENBECK, JOHN (Hrsg.) (2003): Kompetenzmessung. Schäffer-Poeschel, Stuttgart.

ROSS, L., AMABILE, T. & STEINMETZ, J. (1977): Social roles, social control and biases in the social perception process. Journal of Personality and Social Psychology 37, S. 485-494.

RYAN, A. M. & SACKETT, P. R. (1987): Preemployment integrity testing: Fakability, rections of test takers and company image. Journal of Business and psychology 1, S. 248-256.

SAMPSON, ELERI (2000): 30 Minuten für die überzeugende Selbstdarstellung. Gabal, Offenbach.

SARGES, WERNER (1994): Bewerber-Interviews und Mitarbeiter-Gespräche: Engpaß Exploration. In: Voß, Bärbel (Hrsg.). Kommunikations- und Verhaltenstrainings. Hogrefe, Göttingen, S. 136-156.

SARGES, WERNER (1994): Vorauswahl von Führungsnachwuchskräften – eine diskriminanz-analytische Studie: unternehmensübergreifend und OTTO-spezifisch. Ergebnisbericht für die Otto GmbH & Co. KG; Hamburg. Werner Sarges & Martin Scherm. Hamburg.

SARGES, WERNER (Hrsg.) (1996): Weiterentwicklungen der Assessment Center-Methode. Hogrefe, Göttingen.

SARGES, WERNER (Hrsg.) (2000): Management-Diagnostik. 3., vollständig überarbeitete und erweiterte Auflage, Hogrefe, Göttingen.

SARGES, WERNER, STRACKE, FRIEDEMANN (2005): Feedbacks schon während des AC's: Das Lernpotential-Assessment Center (LP-AC). Erscheint demnächst in: Joens, I. & Burgard, W. (Hrsg.). Feedbackinstrumente und -prozesse in Organisationen. Gabler, Wiesbaden.

SARGES, W. & WOTTAWA, H. (Hrsg.) (2005): Handbuch wirtschaftspsychologischer Testverfahren. 2., überarb. u. erw. Aufl. (in Druck), Pabst Science Publishers. Lengerich, Berlin. S. 637-642.

SCHAARSCHMIDT, UWE (2004): Psychische Beanspruchung von Lehrerinnen und Lehrern. Ausgewählte Ergebnisse der Potsdamer Studie „Psychische Gesundheit im Lehrerberuf". Beltz, Weinheim.

SCHACTER, D. L. (1996): Searching for Memory. The Brain, the Mind, and the Past. Basic Books, New York.

SCHÄFER, ANNETTE (2004): ... dann wäre ich endlich glücklich. In: Psychologie Heute, 2/2004, S. 20-27.

SCHERM, MARTIN, SARGES, WERNER (2002): 360°-Feedback. Praxis der Personalpsychologie, Band 1, herausgegeben von Heinz Schuler, Rüdiger Hossiep, Martin Kleinmann, Werner Sarges. Hogrefe, Göttingen.

SCHMID, WILHELM (2002): Schönes Leben? Einführung in die Lebenskunst. Suhrkamp, Frankfurt am Main.

SCHMIDT, FRANK L., HUNTER, JOHN E. (1998): Meßbare Personmerkmale: Stabilität, Variabilität und Validität zur Vorhersage zukünftiger Berufsleistung und berufsbezogenen Lernens. In: Potentialfeststellung und Personalentwicklung. Herausgegeben von Martin Kleinmann und Bernd Strauß. Hogrefe, Göttingen. S. 15-43.

SCHOLZ, G. (1994): Das Assessment Center: Konstruktvalidität und Dynamisierung. Verlag für Angewandte Psychologie, Göttingen.

SCHÜTZ, ALBERT J. (1995): All about Hawaiian. University of Hawaii Press. A Kolowalu Book, Honolulu.

SCHULER, H. (1989): Die Validität des Assessment Centers. In: Ch. Lattmann (Hrsg.). Das Assessment Center-Verfahren der Eignungsbeurteilung. Physica. Heidelberg. S. 223-250.

SCHULER, H. & FRIER, D. & KAUFMANN, M. (1993): Personalauswahl im europäischen Vergleich. Hogrefe, Göttingen.

SCHULER, HEINZ (1998): Psychologische Personalauswahl. Einführung in die Berufseignungsdiagnostik. 2. Auflage. Hogrefe, Göttingen.

SCHULER, HEINZ (2002): Das Einstellungsinterview. Hogrefe, Göttingen.

SCHULZ VON THUN, FRIEDEMANN (1991): Miteinander reden, Band 1. Störungen und Klärungen. Rowohlt, Reinbek.

SCHULZ VON THUN, FRIEDEMANN, RUPPEL, JOHANNES & STRATMANN, ROSWITHA (2003): Miteinander reden. Kommunikationspsychologie für Führungskräfte. Rowohlt, Reinbek.

SCHWARTZ, TONY, LOEHR, JIM (2003): Die Disziplin des Erfolgs. Von Spitzensportlern lernen – Energie richtig managen. Econ, München.

SCHWERDTFEGER, BÄRBEL (2002): Die Bluff-Gesellschaft. Ein Streifzug durch die Welt der Karriere. Wiley-VCH, Weinheim.

SELIGMAN, MARTIN E. (1993): Pessimisten küsst man nicht. Optimismus kann man lernen. Knaur, München.

SELIGMAN, MARTIN E. (2002): Der Glücksfaktor. Warum Optimisten länger leben. Ehrenwirth, Bergisch-Gladbach.

SENGE, PETER M. (1999): Die fünfte Disziplin. Kunst und Praxis der lernenden Organisation. Aus dem Amerikanischen von Maren Klostermann. Klett-Cotta, Stuttgart.

SHAH, IDRIES (1989): Die Sufis – Botschaft der Derwische, Weisheit der Magier. 8. Auflage. Diederichs, Köln.

SIX, BERND (2000): Durchsetzung. In: Management-Diagnostik. 3. Aufl., herausgegeben von Werner Sarges, Hogrefe, Göttingen, S. 400-405.

SIMON, HERMANN (2004): Reif für die Insel der Ruhe. Essay. In: Harvard Business manager, März 2004, S. 106-110.

SPITZNAGEL, ALBERT (1995): Projektive Verfahren. In: Management-Diagnostik. 2. Aufl., herausgegeben von Werner Sarges. Hogrefe, Göttingen. S. 515-525.

SNYDER, M. (1984): When beliefs create reality. In L. Berkowitz (ed.) Advances in experimental social psychology (vol.18). Academic Press, New York.

SPREITZER, G. M., MC CALL, M. W. & MAHONEY, J. D. (1997): Early identification of international executive potential. Journal of Applied Psychology, 82, S. 6-29.

SPRENGER, REINHARD K. (2000): Mythos Motivation. Wege aus einer Sackgasse. 16. Aufl., Campus, Frankfurt, New York.

SPRENGER, REINHARD K. (2004): Einigkeit macht starr. In: brand eins. Wirtschaftsmagazin. Heft 01. Februar 2004. Hamburg. S. 110-111.

SPYCHIGER, MARIA (2001): Was bewirkt Musik? Probleme der Validität, der Präsentation und der Interpretation bei Studien über außermusikalische Wirkungen musikalischer Aktivität. In: Gembris, Heiner; Kraemer, Rudolf-Dieter; Maas, Georg (Hrsg.): Macht Musik wirklich klüger? Musikalisches Lernen und Transfereffekte. Wißner, Augsburg, S. 67-69.

STAUDINGER, URSULA (1996): Psychologische Produktivität und Selbstentfaltung im Alter. In: Margret Baltes; Leo Montada (Hrsg): Produktives Leben im Alter. Campus, Frankfurt.

STERN, ELSBETH (2003): Wissen schlägt Intelligenz. Die Zeit. Nr. 27, 26.03.2003. S. 32-36.

STERN VON, HEIKE (2004): Alle Antennen auf Empfang: Wer achtsam lebt, lebt besser. In: Psychologie Heute, Juli 2004, S. 20-28.

STOLDT, TILL-R. (2004): Kontakter oder Schleimer? In: WamS. Nr. 8, 22. Februar 2004, Springer, Berlin, S.14.

TARR KRÜGER, IRMTRAUD (2001): Die magische Kraft der Beachtung. Sehen und gesehen werden. Herder, Freiburg.

TAYLOR, GORDON RATTRAY (1985): Die Geburt des Geistes. Aus dem Englischen von Monika Kruttke. Fischer, Frankfurt am Main.

THOMANN, CHRISTOPH, SCHULZ VON THUN, FRIEDEMANN (2003): Klärungshilfe 1. Handbuch für Therapeuten, Gesprächshelfer und Moderatoren in schwierigen Gesprächen. Unter Mitarbeit von Christiane Naumann-Bashayan. Miteinander Reden: Praxis. Herausgegeben von Friedemann Schulz von Thun. Neuausgabe Februar 2003. Rowohlt Taschenbuch Verlag, Reinbek.

THOMAS, C. (1961): Military gaming. Progress in Operations Research. I., S. 421-463.

THORNDIKE, E. L. (1920): A constant error of psychological ratings, in: Journal of applied Psychology, 4/1920, S. 25-29.

THORNTON III, G. C., GAUGLER, B. B., ROSENTHAL, D. B. & BENTSON, C. (1992): Die prädiktive Validität des Assessment Centers – eine Metaanalyse. In: H. Schuler & W. Stehle (Hrsg.). Assessment Center als Methode der Personalentwicklung. 2. Aufl., Verlag für Angewandte Psychologie, Göttingen. S. 36-60.

VISWESVARAN, C. & ONES, D. S. (1999): Meta-analysis of facability estimates: Implications for personality measurement. Educational and psychological measurement 59, S. 197-210.

WALLBOTT, HARALD G. (1995): Ausdruck und Eindruck. In: Management-Diagnostik. 2. Aufl., herausgegeben von Werner Sarges. Hogrefe, Göttingen, S. 394-400.

WARNEKE, CHRISTIAN (2004): Mini-Schach als diagnostisches Verfahren zur Prüfung von analytischem und strategischem Denken. Evaluation der Güteeigenschaften für den Einsatz im Assessment-Center. Diplomarbeit im Studiengang Psychologie des Fachbereichs Psychologie der Universität Hamburg. Prof. Dr. Lothar Buse, S. 28-37.

WATZLAWICK, PAUL, KREUZER, FRANZ (2003): Die Unsicherheit unserer Wirklichkeit. Ein Gespräch über den Konstruktivismus. Piper, München, Zürich.

WEINER, B., FRIEZE, I, KUKLA, A., REED, L., REST, S. & ROSENBAUM, R. (1972): Perceiving the causes of success and failure, in: Jones, E., Kanouse, D., Kelley, H.H., Nisbett, R., Valins, S. & Weiner, B. (Hrsg.): Attribution: Perceiving the causes of behaviour. General Learning Press. Morristown.

WEINER, B., RUSSELL, D. & LERMAN, D. (1978): Affective consequences of causal ascriptions. In: J. H. Harvey, W. J. Ickes & R. F. Kidd (Hrsg.). New directions in attribution research (vol.2). Nj: Erlbaum, Hillsdale.

WELCH, JACK (2001): Was zählt. Econ Ullstein List, München.

WELZER, HARALD (1998): Hermeneutische Dialoganalyse. Psychoanalytische Epistemologie in sozialwissenschaftlichen Fallanalysen. In Kimmerle, G. (1998). Zur Theorie der psychoanalytischen Fallgeschichte., S. 111-138. Edition Diskord, Tübingen.

WELZER, HARALD (2002): Das kommunikative Gedächtnis. Eine Theorie der Erinnerung. C. H. Beck, München.

WEUSTER, ARNULF (1994): Personalauswahl und Personalbeurteilung mit Arbeitszeugnissen. Forschungsergebnisse und Praxisempfehlungen. Verlag für Angewandte Psychologie, Göttingen, Stuttgart.

WORTMANN, K.-H. (1983): Alltagspsychologie der sozialen Durchsetzung. Lit Verlag, Münster.

WRIGHT, R. (1996): Diesseits von Gut und Böse. Limes, München.

ZAJONC, R. B. (1984): On the primacy of affect. American Psychologist, 39, S. 117-129.

ZIMBARDO, PHILIP G. (1995): Psychologie, 6. Auflage. Springer Verlag, Berlin, Heidelberg, New York.

ZERSSEN, D. VON (1975): Allgemeiner Teil zum Testsystem PSYCHIS. Beltz, Weinheim.

Stichwortverzeichnis

Zum Autor

Friedemann Stracke, Jg. 1958, Diplom-Kaufmann, leitet seit 2001 den Bereich Personalauswahl und das Personalmarketing bei Otto GmbH & Co KG, Hamburg. Das Otto Recruitment-Center gilt in Deutschland als Benchmark und wird auch als Dienstleister bei der Besetzung von Schlüsselpositionen beauftragt.

Davor war Friedemann Stracke bereits seit über zehn Jahren – mit anderthalb Jahren Unterbrechung als freiberuflicher Personalmanagementberater und Referent – bei Otto in der internen Unternehmensberatung und im Personalbereich in leitender Funktion beschäftigt.

Friedemann Stracke ist Mitglied des Kuratoriums der Euro-FH, Hamburg, und ein gefragter und anerkannter Referent. Vortragstätigkeit an Hochschulen, u. a. Kiel, Münster, Steinbeis-Hochschule Stuttgart, Berlin.

Friedemann Strackes lebens- und berufsnahen Konzepte fließen in Personalauswahl-, Potenzialdiagnostik- und Dialogtrainings ein. Er führt Assessments durch, lehrt das Führen von professionellen Bewerbergesprächen, Beurteilungs- und sonstigen Mitarbeitergesprächen und gibt Seminare zum Thema Führung. Darüber hinaus führt er Organisations- und Potenzialanalysen durch.

Weitere Informationen unter www.friedemannstracke.de

Neues bei Rosenberger

Steffen W. Hillebrecht
Grundkurs Personalberatung
Alles, was Sie wissen müssen
2005, 202 Seiten, gebunden
ISBN 3-931085-50-3

„Dieses Buch ist schon lange überfällig" (Gunther Schnatmann, Swissconsult)

Claus von Kutzschenbach
Frauen – Männer – Management
Führung und Team neu denken
2. Aufl. 2005, 235 Seiten, gebunden
ISBN 3-931085-48-1

„Chapeau. [...] Das Buch ist aber noch mehr: ein einsichtsvolles Werk über Führung und Personalentwicklung generell." (Harvard Businessmanager)
„Eines der wenigen moderaten Bücher zum Thema ‚Frauen und Karriere' hat ein Mann geschrieben." (Handelsblatt)

Michael Mohe (Hrsg.)
Innovative Beratungskonzepte
Ansätze, Fallbeispiele, Reflexionen
2005, 319 Seiten, gebunden
ISBN 3-931085-51-1

„Fast unbemerkt haben sich in den vergangenen Jahren um die klassische Unternehmensberatung neue Beratungskonzepte im Markt gruppiert." (Michael Mohe)

Rosenberger-Bücher gibt es direkt beim Verlag und überall im Buchhandel

Sie finden Leseproben auf unserer Internetseite

Rosenberger
Fachverlag

Bücher für Berater und Führungskräfte
Postfach 1616 · D 71206 Leonberg
Telefon 07152.22627 · Fax 24321
info@rosenberger-fachverlag.de
www.rosenberger-fachverlag.de